以效能为核心的
装备维修管理

陆 凡 叶婷婷 谢 晴 著

国防工业出版社

·北京·

内 容 简 介

本书按照提出问题、分析问题、解决问题的思路展开，廓清了以效能为核心的装备维修管理的概念内涵及基本问题，分析了新体制下装备维修管理现状，提出了以效能为核心的装备维修管理基本构想，进而从体制机制创新、保障资源整合、工作流程再造和保障效能评估四个维度进行详细阐释，最终提出加强以效能为核心的装备维修管理应把握的要点，为完善装备维修管理理论体系和提高管理工作水平提供支撑。

图书在版编目（CIP）数据

以效能为核心的装备维修管理/陆凡，叶婷婷，谢晴著. —北京：国防工业出版社，2024.5
ISBN 978 – 7 – 118 – 13161 – 1

Ⅰ.①以… Ⅱ.①陆… ②叶… ③谢… Ⅲ.①武器装备—维修 Ⅳ.①E92

中国国家版本馆 CIP 数据核字（2024）第 099846 号

※

国防工业出版社出版发行
（北京市海淀区紫竹院南路23号　邮政编码100048）
北京凌奇印刷有限责任公司印刷
新华书店经售

*

开本 710×1000　1/16　印张 8¾　字数 106 千字
2024 年 5 月第 1 版第 1 次印刷　印数 1—1000 册　定价 60.00 元

（本书如有印装错误，我社负责调换）

国防书店：(010)88540777　　　书店传真：(010)88540776
发行业务：(010)88540717　　　发行传真：(010)88540762

前　言

加快推进以效能为核心的军事管理革命,是新时代军队改革的战略指导,也是一个重大的研究课题。撰写本书正是为了贯彻落实这一重要思想。

本书阐明了以效能为核心的装备维修管理的实质、主要任务及其基本要求,总结了新体制下装备维修管理取得的主要成效和面临的机遇与挑战,梳理了重点建设领域,为推进以效能为核心的装备维修管理提供了理论依据。从指导思想和原则、管理目标及主要着力点三个方面勾勒了以效能为核心的装备维修管理的基本构想,进而分别从管理体制机制、管理手段、管理方式和管理方法四个维度展开阐述,以期通过装备维修管理体制机制创新、军地装备维修保障资源整合、装备维修保障工作流程再造和装备维修保障效能评估等管理活动的展开,达成提升装备维修管理效能之目的。从树立创新意识,正确引领装备维修管理工作;坚持问题导向,精准弥补装备维修管理短板;立足军民融合,聚力搞好装备维修管理对接;强化信息主导,不断完善装备维修管理手段四个层面提出了关于加强以效能为核心的装备维修管理应把握的几个问题。

本书以装备维修保障效能提升为总体目标,积极探索以效能为核心的装备维修管理价值取向和管理重点,从管理体制机制、方式及方法手段等多维度入手,运用装备维修理论、资源整合理论、现代管理理论和系统论等诸多现代理论,紧紧围绕"自主赋能—聚力汇能—简政增能—精准估能—精确释能"的主线展开系统性理论研究,凸显管理体系柔性化、军地资源一体化、管理流程集约化和效能评估科学化等以效能为核心的装备维修管理模式,以指导装备维修管理工作向"专业化、精细化、科学化"逐步迈进。

本书由国防大学联合勤务学院陆凡、中国人民解放军96911部队叶婷婷、航天工程大学电子与光学工程系谢晴撰写,陆凡负责全书统稿和修改。国防大学联合勤务学院李长海对本书撰写给予了很多帮助,在此深表感谢!

  本书对以效能为核心的装备维修管理相关问题进行了探索和思考,取得了一些初步的研究成果。但以效能为核心的装备维修管理的理论研究还处于起步阶段,很多问题尚未形成共识,加之实践经验有限,同时受文献资料、研究条件等限制,书中对一些问题的研究还不够深入全面,需要在后续的工作中继续展开深入研究。

作者

2023 年 12 月

目 录

第1章 绪论 ··· 1
  1.1 研究背景和意义 ·· 1
    1.1.1 研究背景 ·· 1
    1.1.2 研究意义 ·· 3
  1.2 以效能为核心的装备维修管理概念内涵 ··············· 4
    1.2.1 基本概念 ·· 5
    1.2.2 内涵界定 ·· 6
  1.3 国内外研究现状 ·· 7
    1.3.1 国外研究现状 ·· 8
    1.3.2 国内研究现状 ·· 10
    1.3.3 综合评述 ·· 13
  1.4 研究思路和内容 ·· 14
    1.4.1 研究思路 ·· 14
    1.4.2 研究内容 ·· 15

第2章 以效能为核心的装备维修管理基本问题 ······· 17
  2.1 以效能为核心的装备维修管理实质 ····················· 17
  2.2 以效能为核心的装备维修管理主要任务 ············· 18
    2.2.1 推进组织自主赋能 ······································ 18
    2.2.2 加强系统集约管理 ······································ 18
    2.2.3 实施管理简政增能 ······································ 19
    2.2.4 强化维修质量工作 ······································ 20
    2.2.5 确保效能最优释放 ······································ 20

2.3 以效能为核心的装备维修管理基本要求 ········· 21
2.3.1 以行为精准为规范 ········· 21
2.3.2 以体系重塑为根本 ········· 21
2.3.3 以机制创新为驱动 ········· 22
2.3.4 以资源整合为手段 ········· 22
2.3.5 以流程再造为保障 ········· 22
2.3.6 以效能提升为目标 ········· 23
2.4 以效能为核心的装备维修管理理论基础 ········· 23
2.4.1 装备维修理论 ········· 23
2.4.2 资源整合理论 ········· 24
2.4.3 现代管理理论 ········· 25
2.4.4 系统论 ········· 26

第3章 新体制下装备维修管理现状分析 ········· 29
3.1 基本情况 ········· 29
3.1.1 装备维修管理体制趋于完善 ········· 29
3.1.2 装备维修作业体系有效精简 ········· 30
3.1.3 装备维修保障资源更加充实 ········· 31
3.1.4 装备维修队伍结构更为合理 ········· 31
3.2 面临的机遇与挑战 ········· 32
3.2.1 面临的机遇 ········· 32
3.2.2 面临的挑战 ········· 34
3.3 重点建设领域 ········· 35
3.3.1 匹配任务需求更新管理理念 ········· 35
3.3.2 着眼最佳释能优化体制机制 ········· 36
3.3.3 进一步提高保障资源集约度 ········· 40
3.3.4 持续优化管理工作流程 ········· 41
3.3.5 深化保障效能评估研究与实践 ········· 45
3.3.6 及时升级信息化管理手段 ········· 46

第4章 以效能为核心的装备维修管理基本构想 ······ 48
4.1 指导思想与原则 ······ 48
4.1.1 指导思想 ······ 48
4.1.2 基本原则 ······ 49
4.2 管理目标 ······ 50
4.2.1 管理专业化 ······ 51
4.2.2 管理精细化 ······ 52
4.2.3 管理科学化 ······ 53
4.3 主要着力点 ······ 54
4.3.1 装备维修管理体制机制创新 ······ 55
4.3.2 军地装备维修保障资源整合 ······ 56
4.3.3 装备维修管理工作流程再造 ······ 56
4.3.4 装备维修保障效能评估 ······ 57

第5章 装备维修管理体制机制创新 ······ 58
5.1 装备维修管理体制机制创新分析 ······ 58
5.1.1 装备维修体制机制创新内涵 ······ 58
5.1.2 装备维修体制机制创新思路 ······ 59
5.1.3 装备维修体制机制创新目标 ······ 60
5.2 健全优化装备维修管理体制 ······ 61
5.2.1 优化装备维修管理组织体系 ······ 61
5.2.2 健全装备维修管理法规体系 ······ 66
5.3 创新完善装备维修管理机制 ······ 68
5.3.1 建立差异化人才评价机制 ······ 69
5.3.2 建立自主协同机制 ······ 70
5.3.3 建立自强化机制 ······ 72

第6章 军地装备维修保障资源整合 ······ 75
6.1 军地装备维修保障资源整合分析 ······ 75
6.1.1 军地装备维修保障资源整合内涵 ······ 75
6.1.2 军地装备维修保障资源整合思路 ······ 76

6.1.3 军地装备维修保障资源整合目标 …………………… 76
　6.2 军地装备维修保障资源要素整合 ……………………………… 77
　　　6.2.1 军地装备维修人力资源整合 …………………………… 78
　　　6.2.2 军地装备维修保障装(设)备整合 …………………… 79
　　　6.2.3 军地装备维修器材整合 ………………………………… 81
　6.3 军地装备维修保障资源系统整合 ……………………………… 82
　　　6.3.1 军地装备维修战略整合 ………………………………… 82
　　　6.3.2 军地装备维修网信整合 ………………………………… 84

第7章 装备维修管理工作流程再造 …………………………… 88
　7.1 装备维修管理工作流程再造分析 ……………………………… 88
　　　7.1.1 装备维修管理工作流程再造内涵 …………………… 88
　　　7.1.2 装备维修管理工作流程再造思路 …………………… 89
　　　7.1.3 装备维修管理工作流程再造的目标 ………………… 90
　7.2 构建基于精细化的装备维修经费管理工作流程 …………… 90
　　　7.2.1 调整装备维修经费预算起止时间 …………………… 91
　　　7.2.2 调整装备维修经费预算审批权限 …………………… 91
　　　7.2.3 调整装备维修经费归口管理职能 …………………… 92
　7.3 构建基于供应链的装备维修器材管理工作流程 …………… 93
　　　7.3.1 合理删除装备维修器材管理冗余环节 ……………… 94
　　　7.3.2 加强装备维修器材管理军地自主协同 ……………… 94
　　　7.3.3 完善装备维修器材管理信息系统集成 ……………… 95
　7.4 构建基于开放式的装备维修信息管理工作流程 …………… 96
　　　7.4.1 制定装备维修信息管理工作流程整合战略规划 …… 97
　　　7.4.2 构建装备维修信息管理工作流程模型 ……………… 98
　　　7.4.3 持续优化装备维修信息管理工作流程 ……………… 98

第8章 装备维修保障效能评估 ………………………………… 100
　8.1 建立装备维修保障效能评估指标体系 ……………………… 100
　　　8.1.1 界定装备维修保障效能范畴 ………………………… 100
　　　8.1.2 划分装备维修保障效能评估指标层级要求 ………… 101

- 8.1.3 确立装备维修保障效能评估指标 …… 102
- 8.2 构建装备维修保障效能评估模型 …… 106
- 8.3 确定装备维修保障效能评估指标权重和底层指标得分 …… 107
  - 8.3.1 组建专家小组 …… 108
  - 8.3.2 讨论生成调查问卷 …… 108
  - 8.3.3 展开问卷调查 …… 108
  - 8.3.4 统计分析调查结果 …… 109
- 8.4 获取装备维修保障效能评估结论 …… 113
  - 8.4.1 确定克朗巴赫系数值 …… 113
  - 8.4.2 计算评估结果 …… 114

第9章 加强以效能为核心的装备维修管理应把握的几个问题 …… 119

- 9.1 树立创新理念,正确引领装备维修管理工作 …… 119
  - 9.1.1 树立装备维修体系化管理理念 …… 119
  - 9.1.2 树立装备维修信息化管理理念 …… 120
  - 9.1.3 树立装备维修集约化管理理念 …… 121
- 9.2 坚持问题导向,精准弥补装备维修管理短板 …… 122
  - 9.2.1 实现装备维修资源全维可视 …… 122
  - 9.2.2 实现装备维修力量统分可控 …… 123
  - 9.2.3 实现装备维修保障绿色高效 …… 123
- 9.3 立足军民融合,聚力搞好装备维修管理对接 …… 124
  - 9.3.1 建立军地联合协调机构 …… 125
  - 9.3.2 搞好装备维修保障奖惩补偿 …… 125
  - 9.3.3 加强军地装备维修法规约束 …… 126
- 9.4 强化信息主导,不断完善装备维修管理手段 …… 126
  - 9.4.1 完善装备维修管理信息系统 …… 126
  - 9.4.2 创建装备维修管理大数据 …… 127
  - 9.4.3 建立装备维修器材物联网 …… 128

参考文献 …… 129

第1章 绪 论

现代管理学认为,效能是衡量工作结果的尺度,效率、效果、效益是衡量效能的依据。换言之,效能是效率、效益和效果的综合反映,它既注重过程、结果,更注重能力。

1.1 研究背景和意义

推进以效能为核心的军事管理革命,必须积极适应世界新军事革命的发展趋势,进一步解放思想,以科学技术的最新成果为基础,以追求能力强、效率高、效益好、效果优为价值取向,建立科学的组织模式、制度安排和运作方式,推动管理思想、管理体制、管理机制、管理方法等方面变革,坚持问题导向,打破旧有的束缚因素,进一步解放和发展战斗力、保障力,构建与建设世界一流军队相适应的军事秩序、标准规范和管理制度。

1.1.1 研究背景

1. 践行党关于军队管理的重要指导理论

党的十八大以来,基于对军队管理工作的高度重视,先后有一系列重要指导理念。"推进以效能为核心的军事管理革命,不断提高军队专业化、精细化、科学化管理水平"。"要加快推进以效能为核心的军事管理革命,健全以精准为导向的管理体系,提高国防和军队发展精准度"。以此为代表的一系列重要指导理论是新时代军队改革的战略指导,也是新时代的一个重大的研究课题。它是一场广泛的、全面的、深刻的革命,涉及军事领域的方方面面。新时代军队实施的一系列改革,只是这场军事管理革命的关键内容,随着改革的深化发展,必然涉及军队各个领域。军事装备是军队战斗力的基本构成要素,是保障打赢的物质技术基础。军事装备维修是军事装备全寿命管理的重要环节,是确保装备保持良好技术状态的重要工作。为此,选择"以效能为核心的装备维修管理"这一命题展开研究、撰写成书,旨在探究在装备维修领域如何推进以效能为核心的管理,以达成提升装备维修保障效能之目的。

2. 适应军队规模结构和力量编成改革需要

"要坚持减少数量、提高质量,优化兵力规模构成,打造精干高效的现代化常备军;要坚持体系建设、一体运用,调整力量结构布局,打造以精锐作战力量为主体的联合作战力量体系;要坚持需求牵引、创新驱动,改革作战部队编成,打造具备多种能力和广泛作战适应性的部队"。其中,需求牵引是方向,体系建设是中心,精干高效是关键。从装备维修管理的角度讲,以效能为核心的装备维修管理,要求装备维修管理体制科学可行、装备维修管理职能发挥正常、装备维修管理机制运行顺畅、装备维修管理资源配置合理、装备维修管理流程高效快捷、装备维修管理效能提升明显等。目前是体制转换、能力调整关键时期,装备维修管理虽取得了诸多成就,但在体制机制、资源整合、管理流程和效能评估等方面,仍存在一些制约装备维修保障效能得以最优释放的瓶颈。例如,装备维修管理关系构架较为单一、装备维修管理机制功能亟待互补、装备维修管理制度保障缺乏力度、装备维修保障资源配置不尽合理、装备维修管理工作流程尚存冗余、装备维修保障效能评估不够精准等,亟须不断在体制结构上健全优化,在力量编成上重组完善,在管理流程上力减冗余,以适应改革需要。

3. 满足新时代军事装备建设发展要求

装备维修管理工作是保持和恢复装备良好技术状态的重要工作。装备维修管理效能的高低直接影响军事训练、演习以及作战装备保障效能,并最终影响作战整体效能。在新时代军事战略指导下,军队装备建设进入大发展的时期,一大批运用新材料、新能源的新型骨干装备、大型装备和高技术、高价值装备陆续配发,成为执行平时和战时任务的重要物质基础。而要确保装备保障随时到位,以效能为核心的装备维修管理与之休戚相关。其中,远程维修支援系统紧密联系前后方,使装备维修更为实时精准;虚拟维修系统真实展现装备战场战损,使装备维修更为集约高效;检测与故障诊断设备运用大量高新技术快速展开,如大数据、云计算、微电子、传感器及人工智能和控制等,使装备维修更为快捷精确。以效能为核心的装备维修管理只有获得以上高新技术的支撑,才可满足新时代军事装备快速发展的要求,以确保装备战斗力的持续生成。

1.1.2 研究意义

通过研究以效能为核心的装备维修管理,力求形成一套较为系统的有关装备维修管理的应用理论,为指导装备维修管理实践、提高装备维修保障效能提供参考与借鉴。

1. 丰富拓展现代军事装备维修管理应用理论

将对装备维修管理应用理论进行有效的补充和拓展,从不同的视角、不同层次推进理论的发展。分别对其中体制机制优化、资源整合、流程再造、保障效能评估等装备维修管理应用理论逐一展开深入分析与阐述,对丰富和完善现代军事装备维修管理理论具有一定的价值。

2. 健全完善装备维修保障效能评估体系

书中紧密结合装备维修保障特点和规律，从以效能为核心的角度出发，在既有评估实践基础上构建一套科学完整的装备维修保障评估体系，且体现"涵盖全面、重点突出、互为补充、不可替代"等鲜明特点，为推动现代装备管理理论体系向系统性、科学化方向健全完善提供了理论依据。

3. 为装备维修管理实践提供理论指导

装备维修管理是保持和恢复装备技术状态，使装备随时处于战术技术性能良好状态的重要保证，其效能优劣直接关系到装备维修保障效能的释放。研究基于追求平时和战时装备维修保障效能最大化考虑，采取调查研究法、定性与定量分析法等研究方法，从深入剖析装备维修管理现状入手，提出基本构想，明确一系列以效能为核心的装备维修管理重点内容。研究成果对以效能为核心的装备维修管理实践起到一定的推动作用。

4. 为装备维修管理实践提供技术手段支撑

装备维修管理实践离不开技术手段的支撑。当前，部队装备维修管理技术手段较为滞后，与以效能为核心的装备维修管理实践不相适应。针对这一现状，书中提出了积极整合和科学集成现有信息系统，促进综合管理信息的综合集成和高度融合，且运用电子交互手册、远程诊断、大数据等现代技术手段展开装备维修等观点，将对推进以效能为核心的装备维修管理实践提供一定的技术手段支撑。

1.2 以效能为核心的装备维修管理概念内涵

为精准把握"以效能为核心的装备维修管理"概念内涵，需要在理解所涉及基本概念的基础上展开研究。

1.2.1 基本概念

基本概念理解是展开研究的重要前提之一。限定其外延,揭示其内涵,确定基本概念的定义范围和研究方向,保持概念的稳定性,以确保与所研范畴保持一致。

1. 装备维修

《中国军事百科全书》中对"装备维修"概念的解释:"为保持、恢复和改善装备良好技术状态而采取的各项保证性措施及相应活动的统称"。《军事装备学》一书中指出"军事装备维修是为保持或恢复军事装备良好的技术性能而进行的维护和修理活动"。《军事装备维修管理学》一书中对"装备维修"下的定义是:"为装备维护与修理的简称,指为使装备保持、恢复规定的技术状态或改善装备性能而对装备进行维护和修理的活动。按维修性质和目的分为预防性维修、修复性维修和改进性维修;按维修机构和等级分为基层级维修、中继级维修和基地级维修"。《装甲装备管理概论》一书中对装备维修的定义解释:"为保持、恢复装备性能所采取的各项保障性措施和相关的管理活动,它伴随装备从开始服役至退役或报废整个使用过程"。

2. 装备维修管理

《管理学——现代的观点》一书中对"管理"概念的解释为"对组织的资源进行有效整合以达成组织既定目标与责任的动态创造性活动,计划、组织、指挥、协调和控制等行为活动是管理的专业活动,管理的核心在于对现实资源的有效整合"。《军事装备维修管理学》一书中对装备维修管理下的定义是:"管理者依据管理对象的客观规律,运用科学的方法,保证维修系统的各个环节及其相关部门拥有正常的工作关系,保持维修系统拥有正常的活动过程,并使其在不断循环、不断重复的过程中向前发展,不断增加维修活动过程中人与人、人与物、物与物的效应,扩大系统中人、财、物诸要素的作用,藉以提高维修管理的效能"。同时指出,"装备维修管理是对装备的维护与修理进行的计划、组织、协调、控制活动,目的是以最低的维修资源消耗保持和恢复装备的技术状态,保障部队遂行作战和训练任务"。

3. 效能

《汉语大辞典》中对"效能"一词有以下几种解释:犹效力,贡献力量。《尹文子·大道上》:"庆赏刑罚,君事也;守职效能,臣业也",犹效率。瞿秋白的《乱弹·财神还是反财神》:"增加生产效能",犹功效、作用。胡适的《易卜生主义》:"法律的效能在于除暴去恶"。可见,传统意义上"效能"与现在的涵义相去甚远。词汇总是在发展。1941 年 12 月,以毛泽东为代表的中共中央发出的"精兵简政"指示中,要求切实整顿各级组织机构,精简机关,"提高效能"。次年 12 月,毛泽东又在陕甘宁边区上级干部会议上发表讲话指出:"在这次精兵简政中,必须达到精简、统一、效能、节约和反对官僚主义五项目的。"《百度百科》中涉及效能有多种解释,最基本的解释为达到系统目标的程度,或系统期望达到一组具体任务要求的程度。管理大师彼得·德鲁克指出:效率是"以正确的方式做事",而效能则是"做正确的事",斯凯瑞恩(Scheerens)也提出:"效能是由方法到目的的历程",效能这个词原意是指事物所蕴藏的有利的效用能量。主要从能力、效率、质量、效益这四个方面体现出来。现代管理学认为,效能是衡量工作结果的尺度,效率、效果、效益是衡量效能的依据。效率是过程,效益和效果是结果。效能则是效率、效益和效果的综合反映,它既注重过程、结果,更注重能力。

1.2.2 内涵界定

综合以上概念,界定"以效能为核心的装备维修管理"这一概念内涵,应把握以下两点。

1. 以"装备维修管理"概念内涵为基础进行界定

"装备维修管理"一词的内涵即运用现代管理科学理论和方法对装备维修工作进行组织、计划、指挥和控制,协调维修过程中人员、部门之间的关系以及人力、财力、物力和信息力的合理分配,对维修过程各个环节进行预测、调节、检验和核算,以求实现最佳的维修效果和军事经济效能。

2. 将"以效能为核心的管理"定义作为支撑展开界定

通过以上分析,可以将"以效能为核心的管理"定义为:以提升专业化、精细化和科学化水平即追求能力强、效率高、效益好、效果优为价值取向,对组织的资源进行有效整合以达成组织既定目标与责任的一系列动态创造性活动的统称。

因此,可以将"以效能为核心的装备维修管理"概念界定为:以行为精准为导向,以提升专业化、精细化和科学化水平即追求能力强、效率高、效益好、效果优为价值取向,运用现代管理科学理论和方法对装备维修工作进行精准组织、计划、指挥和控制,主动协调维修过程中人员、部门之间的关系以及人力、财力、物力和信息力的合理分配,并对维修过程各个环节进行实时预测、调节、检验和评估等,以推动军事装备维修管理思想、管理体制、管理机制、管理方式、管理方法和管理手段等方面变革,是实现最佳装备维修保障效能而展开的一系列动态创造性活动的统称。

1.3 国内外研究现状

为全面了解国内外装备维修管理研究现状,在对所涉及研究领域文献进行广泛搜集、比对和理解的基础上,对研究现状进行了系统梳理和综合分析。

1.3.1 国外研究现状

1. 关于装备维修管理思想方面的研究

自20世纪末,国外学者基于以效能为核心,先后提出了许多先进的装备维修思想。

(1)以可靠性为中心的维修(Reliability Centered Maintenance,RCM)的管理思想。20世纪末,英国学者John Moubray结合民用设备的实际情况提出的,已在许多国家的钢铁、汽车、核工业等行业广泛应用。

(2)全系统全寿命维修管理思想。为有效解决开发费用与寿命周期总费用相协调、主战与保障装备相配套等问题,寿命周期费用思想及全拥有费用思想等先后在一些发达国家军方应运而生。

(3)主动维修管理思想。以美军为代表的发达国家,在先前现代维修理论(如RCM——以可靠性为中心的维修、CBM——视情维修等)应用基础上,又提出了主动维修思想,鉴于其具有"主动解决重复故障、重新设计维修活动、大幅降低维修费用"等特点,并被赋予"具有生命力的RCM"的内涵。

(4)绿色维修管理思想。20世纪末,人类"绿色"生存发展模式产生后,西方发达国家又提出了"绿色维修管理"这一先进理论,积极倡导在装备维修过程中运用虚拟维修、智能维修等先进技术实现节能减排与提高维修效能的目的。

(5)再制造工程维修管理思想。20世纪90年代末,为有效解决财政预算有限与新装备费用高昂的矛盾,美军提出再制造工程维修管理思想,将旧装备改造列为装备维修重点,以最大限度延长既有装备使用寿命。

（6）全寿命周期系统管理思想。近年来,"全寿命周期系统管理"理论在美军中得到不断完善,研发初期即强调后续费用投向投量,并成立专项机构对武器装备全寿命周期实施系统管理与监督。

（7）以网络为中心的装备维修管理思想。21世纪初,美军率先提出该思想,旨在合理运用网络来解决降低维修费用与提高维修效能的矛盾。

（8）基于状态的装备维修管理思想。近年来,美军提出并不断发展了该思想,使传统与现代检测技术得到有效融合,主要通过"系统程序嵌入、内部传感读取、人工辅助测量"等途径实时精确掌控装备技术状态。

2. 关于装备维修管理体制方面的研究

刘祥凯在《美国陆军装备维修政策与体制》一书中指出,美国陆军装备维修向两级维修转型,其要点是维修从靠前修补(Fix Forward)到前方更换/后方修理(Replace Forward/Repair Rear)的改变,主要体现"减少装备维修级别、节约保障编制员额、采取模块力量编组、降低装备后送需求、提升力量反应能力及减少战场维修足迹"等特点,以更好地提高装备维修效能和适应快速部署需求。可以说,这种变化是美军整个国防改革的产物,是聚焦后勤、模块化部队的结果。

穆若智在《外军武器装备管理研究》一书中指出:俄罗斯逐步建立起了划区域保障体制,大大减轻了领导机关的负担,提高了维修管理系统的自主性和稳定性,大大提高了武器装备的效能。而日本为了提高装备管理的整体效能,建立了统管装备的组织结构,并对装备的采购、补给与维修实行了一元化管理。

赵健峰在《外军"军民一体化"装备保障特点及启示》一文中指出,"目前,美、英、德、法、日等国家,通过战略规划牵引,以规范的法治环境和成熟的市场经济体制为平台,全面贯彻'军民一体化'要求"。

美军 JP4-0《联合作战后勤支援条令》中指出,"美军已采用两级装备维修保障作业体制,即后方维修/基地维修和野战维修/基层维修(Depot Maintenance and Field Maintenance)"。栗琳在《美军装备维修保障》一书中指出,"两级维修保障旨在通过精简部队编制,达到减少保障任务和提高保障效能的目的"。

3. 关于装备维修保障资源优化配置方面的研究

对于装备预防性维修和计划/可分配维修过程中及备件储备中涉及的保障资源优化配置问题,如 Duy Quang Nguyen、Kossip Aszakpa 和 C. Sriskandarajah 等国外学者分别运用蒙特卡罗仿真方法、启发式算法和遗传算法等科学方法对其展开了一系列研究。

而对于在企业运营中所涉及的装备维修保障资源优化配置问题,如国外学者 James C. Taylor、Michael Brown、Faisal I. Khan 和 Nazim U. Ahmed 等以资源保障费用为约束,分别从企业资源计划和风险等角度,应用数学规划等方法建立相关数学模型展开研究,均取得良好效果。

1.3.2 国内研究现状

1. 关于装备维修管理思想方面的研究

我国非常重视关于该方面的研究,20 世纪 60 年代以后逐渐产生了现代军事装备维修思想。从 20 世纪 70 年代末开始,我国民航、空军、海军、陆军及航天工业部等先后对以可靠性为中心的维修展开了研究应用,国家相关部门相继制定颁布了一系列以可靠性为中心的维修大纲作为指导,均取得了较为显著的军事和经济效益。舒正平在《军事装备维修管理学》一书中对"以可靠性为中心的维修思想""全系统全寿命的维修思想"和"主动维修思想"做了界定和阐释。比如,"要把军事装备维修作为一个整体和军事装备维修系统的一个子系统,从军事装备维修发展和使用的纵(全寿命)横(全系统)两个方面来综合考虑";主动维修是"防止材料和并发性能退化的第一道防线"。

进入21世纪以来,随着信息化装备的快速发展,又相继诞生了一些新时期的装备维修思想。《军事装备维修管理学》一书中对"绿色维修""再制造工程的维修思想""基于状态的装备维修管理思想"和"以网络为中心的装备维修管理思想"做了深入的阐述。其中,"绿色维修"凸显节省能源资源、降低维修费用、缩短维修时间和减少环境污染的维修特点,以达到环保式的维修;"再制造工程的维修思想",其目的在于通过对老旧装备进行高技术修复和改造,达到资源节能环保、保障优质高效的目的;"基于状态的维修"是通过采取在线和离线监测相结合的方式,对装备存在故障实施的精确维修,具有诊断技术手段先进、数据分析决策实时、维修保障费用节约等鲜明特点。张景臣的《军事装备维修保障概论》一书,对法制化管理思想和信息化管理思想等理论相继做了阐述。这些理论均是基于以效能为核心而提出,其产生对装备维修管理实践均起到了重要的指导作用。

2. 关于装备维修管理体制方面的研究

《军事装备维修管理学》一书中指出:"装备维修管理体制更加注重加强集中统一领导,简化管理层次,建立符合全系统全寿命管理要求的装备维修管理体制"。并且特别强调"将民间维修力纳入装备维修体制,力求建立军民一体化的装备维修体制已成为外军装备维修管理体制调整的又一重大趋势"。在《军民一体化装备维修保障建设研究》一文中指出,"军民一体化装备维修保障建设目标是形成军民一体化装备维修保障体系,提高装备维修保障能力和效益"。《装备维修军民融合保障体系建设基本问题研究》一文,在全面分析体系建设需求的基础上,针对目前存在问题,提出了建设的思想和原则,并设计了保障体系构成，最后提出了在体系建设中应重点把握的问题。

3. 关于装备维修保障资源优化配置方面的研究

张雪胭在《军民一体化装备维修资源整合构想》一文中，分别从系统整合和要素整合两个方面，对军民一体化装备维修资源整合问题展开了阐述。郑燕在《企业资源优化问题的集成建模方法》一文中，从物料清单集成角度提出了一种企业资源集成建模方法。针对装备维修资源优化配置问题，国内许多学者也从定量分析的角度展开了一系列研究，如康进军在《基于模糊理论的装备维修资源优化配置模型》一文中建立了基于模糊理论的模型；宋光明的《基于 Rough 集理论的装备维修保障资源优化配置》和韩敏的《基于粗糙集理论的设备资源优化配置》均运用粗糙集相关理论对其做了研究探讨；而金星的《装备维修保障资源优化配置的遗传算法》和艾宝利的《装备维修资源优化中的模拟退火遗传算法》，分别构建了相应算法模型并阐述了求解方法。

4. 关于装备维修保障效能评估方面的理论研究

王亮亮在《基于 SD 的战时陆军装备维修保障系统效能优化模型》一文中，采用系统动力学方法，基于现有装备维修体制和维修保障活动过程，构建了不同维修级别下的维修保障系统模型，通过计算机仿真对其保障效率进行评估。刘长泰在《装备维修保障效能评估指标体系》一文中，从装备维修保障效能影响因素和战时维修保障任务需求两个方面着手，分析了装备维修保障效能构成，并遵循建立指标体系的原则，对效能指标进行层层分解，最终给出装备维修保障效能评估指标体系。王永攀在《基于改进型 FCE 的雷达维修保障系统效能评估》一文中，在雷达维修保障系统评估中，引入云重心评价法，提出一种基于多级云重心评价的雷达维修保障系统效能多级评估方法。尹晓虎在《基于熵的装备维修系统效能评估与仿真》一文中，从流的角度出发,按照流关系和系统拓扑将维修系统分成策略、信息和决策控制三个尺度,由此建立维修系统的流模型及其效能测度框架,并引入维修效能熵来考察维修系统效能。武昌在《空军通信导航装备维修保障系统效能评估初探》一文中,建立了一套评估指标体系,并采取相关定量方法对系统效能展开了评估。

1.3.3 综合评述

通过对各有关教学科研机构数据库等展开查询检索,"以效能为核心的装备维修管理"的专著或期刊尚未面世。

目前,中外关于"以效能为核心的装备维修管理"方面的著作或期刊文章可谓凤毛麟角,且尚缺乏"以效能为核心的装备维修管理"的系统研究成果。本研究一方面是为了贯彻落实"推进以效能为核心的军事管理革命"这一要求,适应改革的需要;另一方面通过对以效能为核心的装备维修管理体制与机制、装备维修管理方式与手段等方面进行系统研究,以期为装备维修保障效能实现最优释放提供理论支撑和借鉴。

上述中外有关效能的装备维修管理研究成果,为本书研究提供了很好的启迪和借鉴作用。其中涉及的装备维修管理思想和观点大多是为"提升装备维修效能"提出来的,如基于状态的维修思想、以可靠性为中心的维修思想、全系统全寿命的维修思想、主动维修思想、绿色维修思想、再制造工程的维修思想、全寿命周期系统管理、体制建设问题以及有关维修保障效能评估的思想与观点等,旨在以先进的维修管理思想和理念指导装备维修管理活动,以最少的资源消耗,最优的体系运行和最有效的技术、方法手段等来提升装备的维修保障效能。

1.4 研究思路和内容

1.4.1 研究思路

研究以方法论为指导,遵循"提出问题—分析问题—解决问题"的逻辑思路展开,即"是什么—怎么样—管什么—怎么管—如何推进"。研究框架如图1.1所示。

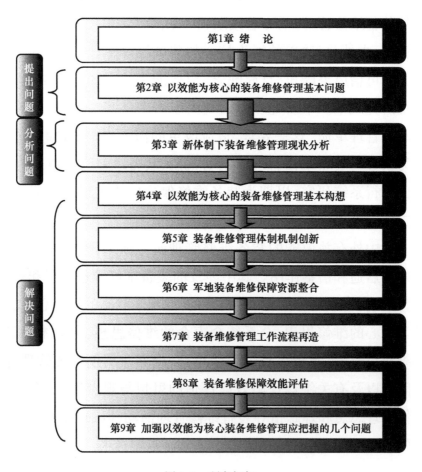

图1.1 研究框架

(1)是什么？主要阐述以效能为核心的装备维修管理基本问题，回答什么是以效能为核心的装备维修管理实质，其主要任务应包括哪些、基本要求是什么，以及所涉及的管理理论基础等。

(2)怎么样？主要从基本情况角度对新体制下装备维修管理现状展开深入剖析，并对当前面临的机遇与挑战进行了系统分析，为制定以效能为核心的装备维修管理基本构想提供科学依据。

(3)管什么？主要阐述以效能为核心的装备维修管理的基本构想。主要阐明"以效能为核心的装备维修管理"的指导思想和原则，管理的总体目标和管理的着力点。

(4)怎么管？重点从体制机制、方式和方法手段三个层面展开，分别对体制机制创新、维修资源整合、管理流程再造和保障效能评估优化等内容展开阐述。

(5)如何推进？主要阐述加强以效能为核心装备维修管理应把握的几个问题。

1.4.2 研究内容

本书以适应军队规模结构和力量编成改革需要和满足新时代装备快速发展的要求等为研究背景，以装备维修保障效能提升为总体目标，积极探索以效能为核心的装备维修管理价值取向和管理重点，从管理体制和机制、方式和方法手段等多维度入手，紧紧围绕"自主赋能—聚力汇能—简政增能—精准估能—精确释能"的主线展开系统性理论研究，凸显管理体系柔性化、军地资源一体化、管理流程集约化和效能评估科学化等以效能为核心的装备维修管理模式，以指导装备维修管理工作向以效能为核心逐步迈进。

本书共分为8章，研究内容包括以效能为核心的装备维修管理基本问题、新体制下装备维修管理现状分析、以效能为核心的装备维修管理基本构想、装备维修管理体制机制创新、军地装备维修保障资源整合、装备维修管理流程再造、装备维修保障效能评估和加强以效能为核心装备维修管理应把握的几个问题等。其中自主赋能,即装备维修体制机制创新;聚力汇能,即军地装备维修资源整合;简政增能,即装备维修管理流程再造;精准估能,即装备维修保障效能评估优化。

第 2 章 以效能为核心的装备维修管理基本问题

对于以效能为核心的装备维修管理而言,不仅要求装备维修管理效能达到最优,更重要的是要确保装备维修保障效能的最优释放,装备维修管理效能的优劣直接关系到装备维修保障效能的高低。

2.1 以效能为核心的装备维修管理实质

军事管理革命要以效能为核心加快推进。其价值取向是不断推进军队管理向专业化、精细化、科学化管理方向迈进。专业化,即体系专业化、队伍专业化;精细化,即流程无冗余、管理精准细;科学化,即依法管理、科学管理。

对于以效能为核心的装备维修管理来讲,也同样需要从专业化、精细化和科学化三个维度来确定其价值取向。其中,"专业化、精细化、科学化"是对体制机制创新、军地资源整合、工作流程再造、保障效能评估与管理理念更新等层面所要实现的管理目标的总体概括。

以效能为核心的装备维修管理实质,就是从根本上解决当下装备维修管理存在的问题,不断提高装备维修专业化、精细化、科学化管理水平,使其体系架构、队伍建设、管理流程、管理标准、运行机制和管理理念等适应新体制、新技术、新战法和新形势的需要。

2.2　以效能为核心的装备维修管理主要任务

装备维修管理的基本任务可以归结为"建立维修系统、完善装备维修体制、制定维修管理规划、实施维修质量监控、组织维修设施建设、组织维修专业训练、合理分配维修经费和开展维修理论创新"等。而以效能为核心的装备维修管理是一项科学而完整的系统工程,其活动追求集约高效、资源共享、实时快捷。从装备维修管理体制机制、管理方式和方法手段等维度分析,其主要任务具体应包括如下几个方面。

2.2.1　推进组织自主赋能

对于以效能为核心的装备维修管理而言,要实现组织自主赋能,必须要通过健全完善装备维修管理体制机制来满足需求。完善装备维修体制,健全各级装备维修机构,拟定合理的装备维修法规制度,组织各级装备维修机构实施维修技术管理和质量监控;完善装备维修管理机制,从解决装备维修管理机制与装备维修系统效能最优释放不相适应这一矛盾入手,紧盯短板,重点建立一系列与原有机制优势互补的运行机制,以期通过良性运行共同促进装备维修管理与保障效能的最优释放;积极开展应用理论研究和技术研发等,为提升装备维修系统效能提供理论及技术支撑,促进军事装备维修工作的现代化;组织专业队伍培养,合理搞好力量编组、专业训练及力量储备,持续高效提升装备维修保障能力。

2.2.2　加强系统集约管理

整合军地装备维修保障资源,加强系统集约管理,以实现聚力汇能,满足装备维修军地一体化需求,是以效能为核心装备维修管理的主要任务之一。通常,装备维修保障资源主要包括装备维修人力、军地维修保障装备、装备维修器材和装备维修信息等要素。对于装备维修人力资源整合而言,其任务就是转变传统思维、打破军地界限、优化人才结构,将纳入军民融合体系内的军队双方装备维修保障人才队伍进行全方位、多层次力量整合,努力建设成为一支"专业齐全、结构合理、技术过硬、优势互补"的军民融合装备维修保障队伍。对于军地维修保障装备整合而言,其任务就是通过军地维修保障装备动静整合,"动"即技术与信息,"静"即质量与数量,实现优势互补、系统配套、技术提升,为以效能为核心的装备维修保障提供强有力的技术支撑。对于装备维修器材整合而言,通过整合将军队维修器材需求与强大的社会生产能力相结合,以保证维修器材的及时足量供给。对于装备维修信息资源整合而言,需要集中军地优势资源,整体筹划、统一构建能够适应军地一体化装备维修需求的综合管理信息平台和业务信息系统,实现军地双方对保障资源信息、保障需求信息和指挥调度信息的实时共享,为科学维修和装备改进提供可靠依据。

2.2.3 实施管理简政增能

简政增能,从管理的角度出发,就是对各层级分系统进行重构,实现管理流程无冗余、易操作,以推动保障效能的提升。对于装备维修经费管理流程简化而言,其任务就是根据项目需求灵活压缩审批时间、下放审批权限,力求实现环节无缝衔接、资源集约运用、运行快捷高效,确保装备维修经费投向精准、投量精确。对于装备维修器材管理流程简化而言,其任务就是以信息系统为核心,依情删除冗余环节、加强军地自主协同,实现装备维修器材保障效能的最优释放。对于装备维修信息管理流程简化而言，其任务就是通过对军民一体化装备维修管理系统中各领域、各部门、各要素信息进行综合集成，使军地双方信息运转透明开放、无缝衔接、实时快捷，为以效能为核心的装备维修管理提供坚强有力的技术支撑。

2.2.4　强化维修质量工作

装备维修质量工作是以效能为核心的装备维修管理的核心工作，也是以效能为核心的装备维修管理工作的出发点与落脚点。装备维修质量好坏直接关系到装备战技术性能的优劣，直接关系到部队战斗力的再生质量。其任务主要包括健全装备维修质量管理机构、制定装备维修质量标准和建立装备维修质量管理责任追究制度等。其中，最重要的是在各层级成立专门的装备维修质量管理机构，具体负责制定或修订装备维修质量标准、展开装备维修质量基础理论研究、加强质量管控与风险分析、组织装备维修质量工作监督评审等工作。

2.2.5　确保效能最优释放

以效能为核心的装备维修管理的最终目标是实现装备维修保障效能的最优释放。而对装备维修保障效能展开评估，可以直接反映出装备维修管理与保障效能的优劣，以及能否满足装备维修保障任务需求。其主要任务包括汇总军地资源、分析资源数质量及分布情况、构建装备维修保障效能评估体系、区分评估体系指标层级、建立或选优数学模型、展开效能评估，以期通过评估为装备维修管理机关提供决策依据。通过精准估能，反复论证，及时发现不足、调整解决，可确保装备维修保障效能的最优释放。

2.3 以效能为核心的装备维修管理基本要求

相较于其他管理方式,以效能为核心的装备维修管理应满足以下几点要求:一是以行为精准为规范;二是以体系重塑为根本;三是以机制创新为驱动;四是以资源整合为手段;五是以流程再造为保障;六是以效能提升为目标。由此来确保装备维修保障效能得到最优释放。

2.3.1 以行为精准为规范

计划、协调、控制、组织及指挥等行为活动是管理的专业活动,行为精准为以效能为核心的装备维修管理活动确立了明确的标准,即"做正确的事"。以行为精准为规范包含以下三层涵义:一是统筹规划精准,立足全局、统筹兼顾、突出重点、精准规划;二是协调控制精准,主动协同、密切配合、瞄准靶心、有的放矢;三是组织指挥精准,精细分工、精准部署、简化程序、高效指挥。

2.3.2 以体系重塑为根本

以效能为核心的装备维修管理最根本的是体系重塑。它既包括装备维修领导管理体制的重塑,也包括装备维修作业体系的重塑。装备维修领导管理体制是实施装备维修管理活动的基本平台,装备维修作业体系是实施装备维修作业的基本方式。只有通过装备维修领导管理体系的重塑才能破除装备维修管理上的体制性障碍,只有通过装备维修作业体系的重塑才能克服装备维修保障体制性障碍,从而确保装备维修管理活动在科学合理的领导管理体制和作业体系下正常运行,以提升装备维修保障效能。

2.3.3 以机制创新为驱动

以效能为核心的装备维修管理不仅需要通过体系重塑建立新的领导管理体制,而且需要建立与之相适应的运行机制。对于陈旧、过时和失灵的管理机制,要及时摒弃,并要针对新体制运行过程中遇到的问题和矛盾,抓紧建立和创新管理机制;对于通过实践检验合理有效的管理运行机制,要及时用制度加以固化。管理主体要在装备维修管理实践中不断总结概括和创新管理机制,逐步建立健全装备维修管理机制体系,用有效的运行管理机制驱动装备维修管理活动顺畅运行,不断向提升装备维修保障效能的目标迈进。

2.3.4 以资源整合为手段

以效能为核心的装备维修管理必须突出运用资源整合这一重要手段。装备维修资源整合,不仅限于整合军内装备维修资源,而且需要贯彻军民融合战略,加大整合军地维修资源的力度,在装备维修资源整合上不断推进军民融合向深度发展。通过军地维修资源(人力资源、物质资源、财力资源、信息资源)的整合,使装备维修资源配置更加合理,使用更加有效,保障更加有力,从而达的提升装备维修保障效能之目的。

2.3.5 以流程再造为保障

装备维修管理流程的再造,是装备维修管理方式创新的重要环节。对于以效能为核心的装备维修管理,并非仅以增强经济效益为目标,主要还要追求军事效能的最优释放。需要从管理的角度出发,针对当前管理流程存在弊端,对各层级分系统进行重构,删除与以效能为核心的装备维修管理活动不相匹配的工作节点,实现管理流程无冗余、易操作,以确保装备维修保障效能的持续提升。

2.3.6 以效能提升为目标

效能集能力、效率、质量、效益等多种因素于一体,是这四个方面的综合反映,"能力强、效率高、质量优、效益大"等特质是效能最佳释放的综合体现。因此,在以效能为核心的装备维修管理过程中,无论是管理体系重塑、体制机制创新、工作流程再造、军地资源整合,还是保障效能评估,最终目标都是确保装备维修保障效能的最佳释放。

2.4 以效能为核心的装备维修管理理论基础

管理理论是管理实践经验的总结。以效能为核心的装备维修管理是一个复杂的系统工程,涉及体制机制的健全创新、军地资源的高效整合、管理流程的集成再造及保障效能的科学评估等方方面面,必须形成多角度、全方位、深层次的格局展开系统理论研究,这就需要很多现代理论来支撑和指导运行,如装备维修理论、资源整合理论、现代管理理论和系统论等。

2.4.1 装备维修理论

健全完善的装备维修理论体系对以效能为核心的装备维修管理研究与实践起到重要的理论支撑和指导作用,贯穿于装备全系统全寿命维修管理过程之中,它不仅可为装备维修管理体制机制创新提供理论支撑,也可为探索以效能为核心的装备维修管理的一般规律及运用提供理论指导。

装备维修理论体系主要包括装备维修管理理论体系和装备维修保障理论体系。其中,装备维修管理理论体系由基础理论与应用理论两部分构成。研究以效能为核心的装备维修管理,就离不开装备维修管理基础理论的支撑与应用理论的指导,涉及装备维修管理的指导原则、装备维修管理思想理念、体制机制及方法手段等,也需要借鉴成熟的各军兵种装备维修管理理论或国外先进的装备维修管理思想。

以效能为核心的装备维修管理的最终目标是实现装备维修保障效能的最优释放,即管理的落脚点是如何保障高效,这就离不开装备维修保障理论的支撑与指导。依据军事学科和军事装备学科体系构建形式,结合装备维修保障的实践活动和知识体系,将装备维修保障理论体系划分为装备维修保障学术理论和技术理论。以效能为核心的装备维修管理离不开先进装备维修保障思想的支撑与引领,更需要各军种、各层级维修保障理论的指导。

2.4.2 资源整合理论

在以效能为核心的装备维修管理中,对军地保障资源展开高效整合属于其中重要的一环,离不开资源整合理论的支撑、指导与牵引。因此,资源整合理论是装备维修管理的支撑理论之一。资源整合理论框架如图2.1所示。

对于以效能为核心的装备维修管理而言,具备竞争优势的资源整合是政策、信息、人力、物力、财力等方面资源的全方位、多角度、深层次、多元化整合,如传统资源与新资源的全方位整合,个体资源与组织资源的多角度整合,横向资源与纵向资源的深层次整合,内部资源与外部资源的多元化整合,经过诸多类型、层次、结构资源的有机整合,通过对人力、物资、技术和信息等资源要素进行"系统调整"达到一体化

"有机融合",实现资源由"相对静止"向"动态一体"、由"相对分散"向"综合一体"转变,为装备维修系统效能充分发挥提供有力支持。

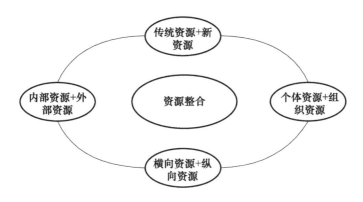

图 2.1　资源整合理论框架图

2.4.3　现代管理理论

继科学管理、行为科学和管理科学之后,在 20 世纪 70 年代,产生了现代管理理论(图 2.2)。其具有一般性与特殊性相统一、综合性与专门性相统一、宏观性与微观性相统一、理论性与应用性相统一、规范性与实证性相统一等特征。现代管理理论主要体现在"管理内涵多元化、管理组织多样化、管理方法科学化、管理手段自动化和管理实践丰富化"五个方面。到了 90 年代,现代管理理论中的新理念相继出现,如学习型组织、知识管理与管理创新、公司再造等。

图 2.2　现代管理理论演进示意图

中国现代管理理论最鲜明的特性就是科学化,从计划、组织、领导、控制等管理的理论层面,到管理的传导层面,如战略与决策、配置与协调,再到管理的实践层面,如资源、流程、绩效、创新、风险、文化等方面的诸多管理活动,都必须科学化(图2.3)。

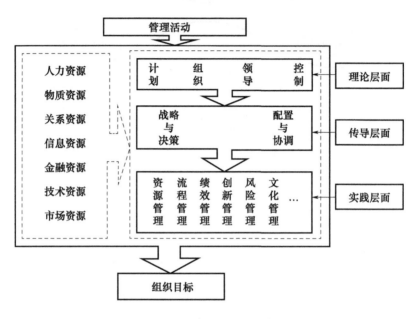

图 2.3　中国现代管理理论研究模型

对于现代管理理论而言,在现代管理理论中,资源配置、体系重塑和流程再造等理论为探索以效能为核心的装备维修管理理论提供了重要的理论支撑。在以效能为核心的装备维修管理中,只有运用现代管理理论,通过对人、财、物、信息、技术、市场和关系等装备维修资源进行科学整合和合理配置,重塑装备维修管理体系,再造装备维修管理工作流程,才能实现装备维修管理效能最优释放。

2.4.4　系统论

系统论是以系统整体的观点来分析和解决问题的科学方法论,

其核心思想强调系统的整体观念,已经广泛地用于科学技术各个领域。系统论认为,任何系统都不是所属构成要素的机械组合,而是各要素有机融合所构成的集合体,各要素间相互关联、互为依存。所有系统具有诸多共同的基本特征,如图2.4所示。

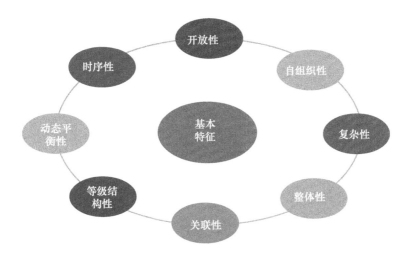

图2.4　系统论基本特征示意图

以效能为核心的装备维修管理是复杂的系统工程,需要系统的理论来指导。在以效能为核心的装备维修管理中,最终目的是通过高效的管理来追求装备维修保障效能的最大化,保障效能的优劣与否需要运用科学的评估方法展开系统性评估,其中需要将装备维修管理与保障效能作为一个有机整体进行研究,涉及直接因素和间接因素、内在因素和环境因素、可控因素和不可控因素等,这就需要系统论的正确指导,才能获取客观、综合、科学的评估结果,高效指导以效能为核心的装备维修管理实践。

综上所述,以上四种理论互为补充,构成一套较为完善的理论体系,在指导以效能为核心的装备维修管理工作过程中,具有鲜明的代表性,并体现不同的实践价值,如图2.5所示。

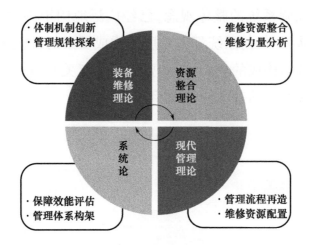

图 2.5 理论指导实践逻辑图

第3章 新体制下装备维修管理现状分析

研究和推进以效能为核心的装备维修管理,必须对装备维修管理现状有一个清醒的认识。经过多年的实践,装备维修管理积累了较为丰富的经验,取得了明显的成效,但从客观现实来看,也走过不少弯路,仍然有许多问题没有解决。尤其在新时代、新形势、新体制下,既有诸多机遇,也面临不少挑战。

3.1 基本情况

近年来,装备维修管理从维修管理体制、维修作业体系和维修力量配置等方面更加趋于健全完善、科学合理,凸显了"专业职能合并、集中统筹规划、资源集约高效"的特点,符合以效能为核心的特质。基本情况主要体现在以下几个方面。

3.1.1 装备维修管理体制趋于完善

新体制下,由以前的各装备业务部门实施归口管理向目前专设维修管理机构展开集中统管转变。装备维修管理体制更加完善,是由装备维修管理工作的特点规律决定的,从本质上,反映了装备维修管理工作的地位作用愈加重要。突出体现在以下几点。

(1)体系架构更加科学。目前,在统一领导下,军队最高机关主管部门抓总,由军队各级装备维修管理机构构成了一套更加科学的、分级负责的装备维修管理体系。其中,军队最高机关主管部门主要负责全军装备维修工作统筹规划、宏观调控和监督指导;各军兵种装备维修管理机构主要负责本军兵种装备维修管理工作,与战区各军种装备维修管理机构分别构成工作指导关系;战区各军种装备维修管理机构主要负责战区军种装备维修管理工作;军以下部队装备维修管理机构主要负责本部队装备维修管理工作。

(2)注重整体素质提升。一方面,在人员管理上凸显"实施集中统管、训练全员参加"的特点,即将各类仓库器材保管员、各车管站工勤人员、各营连军械员等人员实施集中统一管理,均由供应保障队负责管理与训练;另一方面,对业务素质要求更高,要求干部熟知所属各类装备战技术性能及故障发生规律,要求维修人员具备一专多能素质,确保能够满足战时抽组保障需求等。

(3)更加注重平战结合。要求装备维修保障平战结合、以战为主,更加注重战时维修保障能力的强化,突出装备维修保障一体化指挥、装备战场抢救与野战抢修等能力的提升,在管理体系科学架构、实施抽组保障、人才队伍整体素质提升等方面均得到了很好的体现。

3.1.2 装备维修作业体系有效精简

关于装备维修作业体系重构,在改革中借鉴外军成功经验已基本实现,即装备维修作业体系由"三级"向"两级"转变。主要体现在以下三个方面:一是转变管理工作思路。从实战需要出发,基于减少管理层级、简化指挥路径、提高保障效能等方面全盘考虑,转变管理工作思路,力求构建一套科学合理且与以效能为核心装备维修管理相适应的装备维修作业体系。二是按照战场保障要求展开重构。基于减少保障任务和提高保障效能考虑,对装备维修作业体系展开重构,即由三级作业体系(基地级—中继级—基层级)向两级作业体系

(基地级—部队级)逐步转变。其中,基地级维修保障承担整装恢复性修理(大修)和故障部组件集中修理等任务,部队级维修保障主要承担部组件更换(换件修理)等任务,以满足对战场战损装备实施快速抢修需要。三是分流中继级保障机构。将原中继级维修机构内各要素进行科学分析,包括机构职能、人才队伍及配套设施等,尔后分流和充实到基地级和部队级维修机构,确保体系架构科学、力量配置均衡、维修保障高效。

3.1.3 装备维修保障资源更加充实

随着改革的不断深入,装备维修力量规模扩大,对装备维修保障效能提升起到强有力的技术智力支撑作用。突出体现在以下三个方面:一是后装保障部门合并。一定层级以下的后勤和装备部门合并。从战略战役层面讲,目前后装保障人员数量不少,随着后装合并的逐步推进,对装备维修保障资源的优化整合、集约增效将起到重要的补充作用。二是装备维修保障重心下移。后装合并后,保障部门可以减少协调工作,将工作重心放在装备维修保障上,提出需求、制定计划、指导行动。三是保障资源统筹运用。保障部门可以根据实际需要,统筹运用后勤和装备保障资源,对装备维修保障效能提升将起到一定的推动与支撑作用。

3.1.4 装备维修队伍结构更为合理

通过对相关政策的改革调整及维修保障要素的调整完善,使装备维修队伍更加丰富、结构更为合理。一是调整关于专业技术工人招聘等相关政策。允许在编制范围内招聘专业技术工人,通过从技术院校招收毕业学员、从退役士兵中招聘维修骨干、从社会人才市场招聘技术人员等方式,注入"新鲜血液",逐步形成结构合理、梯次配备、能力过硬的维修保障力量队伍。二是调整完善装备维修保障要素。如适当增加各队属军械、光学、侦察、光电、通信等专业维修保障力量,为各单位队属修理机构编配信息装备维修室;为边防力量编配修理连,分别负责军械、雷达、通信和汽车、装甲修理等。

3.2　面临的机遇与挑战

随着国防和军队改革的深入推进,编制和作战指挥体制、领导管理体制等均发生了深刻变化,军队装备维修管理工作也进行了相应的调整和改革。于是,对于新体制下的装备维修管理来讲,也将面临新的机遇与挑战。

3.2.1　面临的机遇

新体制下,装备维修管理工作发生了深刻变化,同时军队体制编制调整改革、军民融合战略深入推进及各类任务为装备维修管理创新提供了诸多机遇。

1. 新体制运行为装备维修管理创新提供了机遇

(1)为装备维修管理理论创新提供机遇。面临新体制下装备维修管理工作出现的新情况新问题,我们必须对传统的维修管理理论进行重新审视,并在此基础上对管理实践进行重新概括和总结,从而达到管理理论创新的目的。

(2)为装备维修管理机制创新提供机遇。新的管理运行机制由于支撑平台发生了变化,必然有别于原体制下的管理运行机制,必然导致传统管理机制的失灵和不适用。这就要求我们必须结合新体制内各要素之间的相互联系、相互作用的方式和方法,以及管理实践,加以重新构建和调整,并通过制度加以固化,从而达到管理机制创新的目的。

(3)为装备维修管理手段创新提供机遇。随着编制体制的重新调整和一大批高新技术装备的编配,传统的装备维修管理手段已不适应现代装备管理的要求。必须结合装备维修管理实际,学习、选择和运用现代管理手段(包括方式、方法和技术)实施管理,从而达到管理手段创新的目的。

2. 军民融合战略为装备维修管理创新提供了机遇

军民融合作为国家战略,在进入新时代后不断深入推进,这为装备维修管理创新提供了机遇。

(1)深度推进装备承修企业的军民融合为管理创新提供了机遇。一方面,需要管好用好基地级现有的企业化大型修理厂;另一方面,要采取公开招标和合同的形式积极将装备承研承制厂家纳入军队装备维修资源。将这两方面维修资源与军队本身的维修资源融为一体,进行统一管理,并通过管理创新,管好用好这些资源。

(2)深度推进装备维修力量的军民融合为管理创新提供了机遇。一是要管好用好军队各级建制维修力量;二是要加快组建预备役维修力量;三是要通过国家动员,组织好动员的装备维修保障力量。加快构建建制维修力量、预备役维修力量和动员维修力量三位一体的维修力量体系,并积极通过装备维修管理实践和管理创新,管好用好现有的装备维修保障力量。

(3)在装备维修任务分配上不断扩大社会化保障的范围。在装备维修器材和通用性强的零备件供应保障上,平时可通过市场直接采购的方式予以保障;装备小修甚至中修的一些任务,能通过社会化保障的不再由军队承担,以减轻装备维修保障压力,等等,以上这些情况都为装备维修管理创新提供了机遇。

3. 各类任务为装备维修管理创新提供了机遇

新时代军事斗争准备面临的严峻形势,迫切需要做好装备维修保障工作。我国可能面临一场甚至更多的有强敌干预的信息化战争,实施较大规模的诸军兵种联合作战和攻势作战,其作战力量的联合性、作战手段的多样性、战场时空的整体性、战场变化的急剧性、战场环境的特殊性和高技术、高速度、高消耗、快节奏的特点,必然造成装备损坏机理更加复杂,损坏方式更加多样,损坏数量大幅增加,维修任务更加繁重。对有些关键装备维修保障要求更高、依赖性更大。这些情况既对装备维修管理提出了挑战,也为装备维修管理创新提供了机遇。一是为平时的实战化训练和军事演习中的装备维修管理创新提供了机遇;二是为遂行作战任务和非战争军事行动中的装备维修管理创新提供了机遇。

3.2.2　面临的挑战

当前,装备维修管理工作开始在新体制下运行,面临着许多新情况新问题,如编制调整后装备维修资源配置问题、冗余问题及缺乏问题,维修人员能力素质不适应岗位能力要求的问题,传统机制不适应新体制运行问题,管理手段(包括方式、方法、技术等)不先进、不适应的问题,等等,对如何管好用好装备维修资源提出了严峻挑战。

1. 现代信息化战争对装备维修管理提出挑战

现代信息化战争对于装备维修来说具有技术含量高、装备损耗大、损坏机理复杂、维修环境恶劣、装备抢救、抢修难等特点。加上战场维修保障体系建设往往难以完全纳入战场体系建设,战场装备维修保障设施单一简陋,部队综合保障条件和防卫生存能力弱,战场装备抢修、维修器材筹供和技术支援网络尚未完全形成,维修作业手段总体上比较落后,装备状态老旧、缺乏抢救抢修手段,战场信息感知能力弱等影响因素,都对装备维修活动和管理造成了威胁,对装备维修管理提出了更高要求。

2. 遂行非战争军事行动对装备维修管理提出挑战

非战争军事行动包括反恐维稳、抢险救灾、国际救援、国际维和等行动。遂行非战争军事行动,对于装备维修来说,具有装备使用频率高、使用环境恶劣、损坏机率大、抢救抢修难等特点。对于遂行非战争军事行动的任务部队,虽然专门配发了一批专用装备,但维修人员的能力素质难以满足专用装备的维修要求。非任务部队通常情况下是在遂行非战争军事行动任务时,临时配发一些急需装备,这些装备损坏后,难以及时修复。总之,以上这些特点和情况对装备维修管理均提出了严峻挑战。

3.3 重点建设领域

新体制下,装备维修管理各系统各部门逐步稳定运行,体制机制逐步调整完善,也取得了诸多成就。结合目前面临的机遇与挑战,装备维修管理的发展方向也更加清晰,呈现出了诸多重点建设领域。

3.3.1 匹配任务需求更新管理理念

理念是行动的先导,理念的力量是巨大的。社会的进步、人类的发展表面上看是技术进步的结果,实际上更主要是通过先进理念的正确引领在推动社会一步步向前发展。就现代企业管理而言,将体系化、信息化、集约化等现代思维理念运用到管理实践,以追求管理工作高效快捷、健康协调运行。在当前装备维修管理过程中,增加各军兵种、各单位、各层级间的自主协同,实时共享维修信息,集约运用保障资源;统一装备维修信息化建设的各项标准,分门别类、落地生效,实现有限资源的高效利用;逐步调整传统管理工作流程的"垂直分级式"模式,将"上报申请—逐级审批—逐层下达—供应接转—展开维修"串联工作流程,逐步调整为联动铰链、交错并行,从而缩短运行周期、提高工作效率。借鉴民用领域先进成熟的管理理念,对传统的装备维修管理理念进行创新,使其与以效能为核心的装备维修管理任务需求相匹配,以确保装备维修保障效能的最大发挥。

3.3.2 着眼最佳释能优化体制机制

从装备维修管理体制概念的内涵来看,其主要包括装备维修管理机构的设置、装备维修管理环节的确定、装备维修管理关系的确立和装备维修管理制度的建立。着眼以效能为核心的装备维修管理,主要在以下几个方面优化装备维修体制机制。

1. 管理关系层面

确立合理的装备维修关系,有利于管理效能提升。目前装备维修管理采用"从军队最高机关装备主管部门至各级装备维修管理机构"分级管理的"树状垂直分布"组织体系结构,装备维修管理机构接受上级装备机关的指导,在本级首长的领导下组织实施各项维修管理任务。装备维修管理机构受装备发展水平、维修管理手段、维修管理方式及军队体制等多种因素的制约。在不同的历史条件下,装备维修管理机构的编配虽有所不同,但精干、高效是编配装备维修管理机构的一贯原则。而装备维修作业体系由军队各级所属的修理厂(站)或维修分队构成。当前,装备维修管理组织体系构建的优点主要体现在以下几个方面:一是装备维修采取"集中统一、分级管理"的组织形态,确保了装备维修管理工作实施的高度统一;二是装备维修管理组织体系结构采取树状垂直分布,保证了全局装备维修管理工作纵向环环相扣、紧密衔接;三是建制与划区修理等方式有机结合,使维修力量得到充分利用,维修效益得到有效提高。下一步,对标以效能为核心的装备维修管理,可在两个方面逐步优化。即各军兵种装备维修管理组织体系间,突破维修管理关系和维修管理权限制约,各维修机构间实时共享信息资源,提高融合性与自主协同性;军地装备维修管理机构单独设立,但密切协同、实时沟通、高效衔接,将军地装备维修力量完全融合为一个"利益共同体"。

2. 管理法规制度层面

建立明确合理的装备维修保障法规制度,是确保装备维修管理在现行体制下顺利实施的根本保证。通常依据军队编制体制、作战样式、战场环境、装备实际状况等情况,建立相应的装备维修管理法规制度。经过多年来的探索研究,装备维修保障管理法规体系与维修管理制度已较为完善,对装备维修管理与保障活动起到了重要的规范与指导作用。装备维修保障管理法规分类(横向)见表3.1。

表3.1 装备维修保障管理法规分类(横向)

序号	依据	分类
1	基本内容	(1)组织编制法规制度 (2)维修保障机关工作法规 (3)部(分)队工作法规等
2	适用范围	(1)全军性装备维修保障管理法规 (2)军兵种装备维修保障管理法规 (3)战区装备维修保障管理法规 (4)部队装备维修保障管理法规等
3	保障专业	(1)装备维修保障指挥管理法规 (2)装备维护管理法规 (3)装备修理管理法规 (4)装备维修器材管理法规等
4	适用时机	(1)平时装备维修保障管理法规 (2)战时装备维修保障管理法规

装备维修管理制度是指对装备维修的各项活动所作出的具有法规性的相对稳定的规定。现有装备维修管理制度主要包括生产管理、质量管理、信息管理、技术训练及考核评比与奖惩制度等。

总之,装备维修保障管理法规制度体系较为科学完整,集中体现在:一是具有鲜明的权威性,为装备维修管理工作顺畅运行提供了较为可靠的依据;二是分别从不同层次及门类构建了"纵横合一"的装备维修保障管理法规体系,覆盖面较广,形成了较为完整的装备维修保障管理法规;三是各种法规制度均具有不可替代性,且其操作性、针对性和约束性较强。

随着军队改革的逐步深入,对装备维修管理提出了更高要求,进一步健全既有法规体系使之适应管理保障实践需求,是一项长期持续的任务。当前,可以聚焦两个主要方面厘清思路、开展建设:一是完善法规制度体系。改革调整期间,装备维修管理处于新老体制的交替期,旧的法规制度不能完全适应,新的法规制度尚未完全建立,装备维修管理亟需政策依据和标准规范遵循。二是查漏补缺法规制度内容。装备维修保障管理法规制度内容的制定,一直以来侧重平时管理,对战时装备维修保障管理内容涉及不多;侧重宏观管理,对装备维修技术基础规范的内容涉及不多;侧重内部管理,对地方动员保障力量具有约束的内容涉及不多等。这些都需要通过立法途径统筹完善。

3. 管理运行机制层面

机制是指工作系统的工作原理、方式及相互关系的内在规律。装备维修管理系统的正常运行,就需要运行机制将系统内各要素有机结合为一个整体,将"相对静态"转化为"动态有序"。通常,一个管理系统需要发展机制、基本职能实现机制及保障机制等协调运行,从而使效能得到充分发挥。目前,装备维修管理运行机制主要包括宏观调控机制、竞争激励机制、沟通协调机制和评价监督机制等。其中,宏观调控机制是对武器装备维修的规划计划、经费分配、质量进度等宏观管理要素进行控制和协调的一种运行方式;竞争激励机制是通过激发管理组织内各种潜能及努力动机、最大限度发挥管理主体主观能动性和创造力以促进组织目标和个人目标实现的一种运行方式;沟通协调机制是化解人员矛盾与冲突、促进管理主体间交流与合作,以及创造和谐融洽工作环境的一种运行方式;评价监督机制是对装备维修保障任务可行性分析和维修管理中所投入的人力、物力、财力等资源的评估以及对装备维修管理系统实施监督和检查的一种运行方式。这些装备维修管理运行机制优点主要体现在:由于四种机制发挥作用各有侧重,代表性较强,均具有较强的不可替代性;各个机制同步启动可基本达到优势互补、互不干扰,能够保证平时装备维修管理工作较为顺畅的运行;机制顺畅运行,增强了装备维修管理组织体系内在活力,对装备维修保障效能的提升起到一定的"润滑剂"和"助推器"作用。

对于以效能为核心的装备维修管理而言,仍存在改进和完善的空间。考虑目前装备管理、装备维修及器材供应分部门负责的实际,应对各部门具体职能划分、负责的业务和日常工作做出较为明确的规定,进而加大在日常装备动用和维修保障中统筹协调的力度。例如,针对管、修、供、训等几项业务工作既互相牵连又需要循序渐进的情况:一是明确职责、衔接管修、避免交叉,尤其是对于各业务部门需要共同担负的任务工作,协调到位、厘清职责;二是完善或出台相应的规章制度,如信息收集、处理、反馈形成统一的业务归类,明确报修程序等;三是有效衔接业务部门和维修保障分队,提高处理故障问题上传下达、协调组织的效率。为实现以上机制优化,满足高效运行:首先,建立差异化人才评价机制。系统中每个要素都有其各自特性,尤其对于装备维修管理人才培养而言，对待不同类型的人才需要不同的评价机制进行监督、激励，才更有利于实现"人事相宜、人适其事、事得其人"，促进人才培养与装备维修管理需求的平衡统一。其次，建立主动协同机制。逐步提高装备维修管理系统中协同机制的主动性，降低沟通协调这种被动机制的比重，实现责任主动承担、效能极大提高。最后，建立自强化机制。在装备维修管理系统中，增强组织内在活力，提升对外应变能力，避免一旦某种关键要素出现故障则导致整个系统陷入瘫痪情况的出现。

3.3.3 进一步提高保障资源集约度

在资源体系建设上，各级区分兵种或专业，应在集约优化方面进一步聚焦用力、有效整合，以满足装备维修保障效能最大化释放的需求。主要体现在维修保障人员与维修保障装备两个方面。

1. 在维修保障人员方面

体制编制调整给各级装备维修保障人员规模结构带来明显变化，正朝着"力量规模适中、体系结构合理、上下衔接紧密"方向不断迈进，但仍要不断调整一些与满足装备维修保障效能最优释放不相适应的地方。一是提高装备维修保障人员能力，适应保障对象变化。随着战役级以下后装保障力量整合、装备维修作业体系由"三级"向"两级"精简等工作的逐步深入，各级装备维修保障力量面临着体制编制调整、人力资源转型、保障对象变化等实际情况，要加大专业素质对口、力量层级衔接、能力结构优化等建设，确保各项装备维修保障任务的高效展开。二是增加装备维修保障人员数量，适应保障任务需要。着眼任务需要特别是战时任务需要，适当增加各级装备维修保障力量编配和满编率，避免"人少任务重"现象。例如，针对装备数量、复杂度和科技含量日益提高，装备维修保障力量相对不足的实际,增加战役级装备修理机构人员专业结构,满足多型号等级修理需要;增加战术级修理机构人员实有数量,满足大批量装备中修或部附件修理需要。

2. 在维修保障装备方面

维修保障装备是实施装备维修所使用的专用车辆、运输工具、设备、仪器及装护具的总称。而维修保障设备,是指装备的计量、检测、监控、维护、修理、试验、化验、封存、保管、安全防护等方面所需机具、仪器、仪表等设备的统称。维修保障装备作为实施装备维修保障的物质基础,直接影响到装备维修保障效能的优劣。目前,在维修保障装备方面,主要应做好以下几项工作:一是与作战装备发展相匹配。针对作战装备与维修保障装备发展存在"时间差"的客观实际,在维修保障装备的机动性、防护性及信息共享等方面加强建设,跟上作战装备的更新节奏。二是编配比例更加协调。在维修保障装备编配上,调整野战抢修、检测维修与其他保障装备比例,适当加大野战抢修装备数量,适度压缩检测维修装备数量。三是技术含量全面提高。聚焦信息化指控、智能化保障、体系化运用等方面,有效吸收和引进民用领域技术,特别是在物资自动识别、故障智能诊断、维修检测可视化等方面加大投入,达到"型谱简化、技术含量增高、综合能力极大提升"的效果。

3.3.4 持续优化管理工作流程

以大型复杂装备等级修理为例,从计划申请、审批下达、组织送修、修理实施到修竣归建,整个周期一般在一年以上。表面上看有计划审批时间长、备件筹措时间长、运输时间长等原因,但深层次的原因体现在装备维修管理上,特别是装备维修经费管理、维修器材管理与维修信息资源管理等方面,亟需突破一些瓶颈。

1. 装备维修经费管理

装备维修经费具有经费使用单位分布广泛、经费开支内容庞杂细碎、年度经费需求刚性较强、经费保障灵活性要求高等特点。装备维修经费从操作层面看由装备维修管理部门统一计划,按级负责,专款专用,标准化管理,并遵循按规定渠道划拨、结算和接受监督的管理原则。装备维修经费分类见表3.2。

表3.2 装备维修经费分类

序号	依据	分类
1	成本是否核算	(1)非成本核算类装备维修费 (2)成本核算类装备维修费
2	装备类型	(1)通用装备维修经费 (2)专用装备维修经费
3	经费使用性质	(1)装备修理费 (2)维修器材保障费 (3)修理能力建设费 (4)维修科学研究与改革费 (5)维修管理业务费 (6)其他
4	经费管理办法	(1)标准计领经费 (2)计划(定额)分配经费 (3)专项安排经费

从某种意义上讲,对于装备维修管理,追求管理流程零冗余是其以效能为核心本质的重要体现之一,而流程零冗余是建立在管理标准化、科学化的基础之上的。多年来,通过对装备维修经费管理的不断探索,使得经费开支趋于规范、管理力度不断加大、管理方法持续完善,管理效果显著。但整体上看,与以效能为核心的装备维修经费管理所要求的"精细化"尚存差距,突出表现为经费管理方式需要随实践发展进行调整。一是加大财务部门对经费的宏观调控,维修计划管理机构专注计划项目编报,预算等职能回归财务部门执行,提高

经费使用效益;二是简化预算审批程序,在由下至上层层汇总逐级上报、由上至下逐级审核逐层下达的既定模式上,引入现代管理方法,运用技术手段压缩周期,同时增加基层调整的灵活性,以应对诸多临时性保障任务;三是前推计划预算下达时间,以有效延长年度计划预算执行时间,从而有效解决基层由于执行时间不够导致的忙乱、应付,计划预算与执行"两张皮"的现象;四是落实决算管理,在年终统一决算时,按账面实际开支数编报决算,超出上级下达的预算金额不予核销,纳入下年度预算累积处理,但也要针对实际情况增加管理的灵活性,避免经费挂账、决算失真、资源浪费等情况出现。

2. 装备维修器材管理

顾名思义,用于装备维护修理的器材统称为装备维修器材,通常按照使用性质对其进行分类,分为正常供应、战备储备和配套装备维修器材等。总的来讲,装备维修器材管理体系,一贯遵循"统一计划,分级管理;合理配备,形成梯次;统筹兼顾,突出重点;精确筹划,讲求效益"的原则。采用三级管理保障体制,且各级保障体制中均以仓库作为本级维修器材周转、储存的实物管理机构,军工厂及军事代表机构作为维修器材生产保障机构,基本可以满足平时装备维修器材保障需求。

从以效能为核心的管理角度讲,尚需向管理流程零冗余的方向努力。一是缩短申请审批周期。装备维修器材管理一般沿用"自下而上逐层审核申请、自上而下逐级审批下达"的模式,各个周期均要在基层单位与各级主管部门之间形成一个闭合回路,这就更要压缩周期,把更多的时间真正用于工厂制造、仓储运输、器材供应、使用单位接收等关键环节,利于装备维修器材供应效能的最佳释放。二是加强供应节点间的自主协同。通常,装备维修器材供应涵盖需求预测、上报申请、审批下达、器材购置、运输仓储、器材交接等多个环节,涉及军地多个部门,而各部门运行却相对独立。所以协调沟通不能仅仅依赖各级管理协调部门,而是供应商与仓库间、仓库与仓库间、修理机构与供应商间要主动沟通协调,并使其成为装备维修器材保障效能新的增长点。三是建立供应验证核实依据。对于修理机构上报的申请数据,上级运用统计数据和先进分析手段建立科学权威的决策依据进行验证核实,破解上报数据失真、器材供大于求、积压缺货并存等结构性矛盾发生,避免资源浪费情况出现。

3. 装备维修信息资源管理

随着军队信息化建设步伐不断加快,信息资源在军队各个领域的地位日益增强,已被列为军队战斗力三大构成要素(人、武器、信息)之一。依靠现代信息技术手段,充分利用信息资源,增强军队战斗力显得尤为重要。就装备维修信息资源管理而言,如何按照以效能为核心的要求展开,以确保信息资源运转顺畅、反馈实时、辅助决策高效便捷等是当前的又一重大课题。通过研究发现,目前装备维修信息资源管理可以在以下几个方面用力。一是统一标准尺度。近些年来,随着维修信息资源管理力度的持续加大,各单位分散开发的积极性愈加高涨。在维护现有效果和积极性的同时,通过统一标准尺度缩短各单位信息化人才和水平差距,同时有效解决孤岛林立等现象。二是加强沟通共享。作为发展过程,虽然上级统一了信息资源管理系统,但仅限于本专业、本业务,与其他装备维修信息资源管理系统难以兼容。需要加强顶层设计、统筹规划,使内部部门乃至单位间开发管理系统时树立主动协同意识,实现资源共享,推动装备维修信息资源的融合增效与系统运用。三是集约建设资源。在统一系统开发标准的基础上,缩小各单位开发系统时资源投向、投量的差异,在利于对全局装备维修信息资源实施统一管理的同时,也避免资源的大量浪费,与以效能为核心的装备维修管理要求相契合。

3.3.5　深化保障效能评估研究与实践

装备维修保障效能评估,须严格遵循实事求是、定性与定量分析等原则展开,指标体系要健全、评估分析要真实、数据来源要真实。当前尤其须改进变单凭既有经验、套用照搬模型、要素考虑不全等装备维修保障效能评估旧有做法,提高装备维修保障效能评估的真实度。

1. 逐步淘汰定时定程维修制度,提高装备维修保障效能评估科学性

当前,装备维修制度仍主要是坚持以可靠性寿命周期为基准确定的定时定程预防性维修制度,主要以单机寿命评估和关键部件失效控制为核心,依据装备部组件寿命,设计修理间隔期、修理级别和修理范围。这对于一、二代装备而言,增强了维修保障的设计性、强制性,降低了装备故障率。但随着装备和技术发展,特别是三代、四代装备列装以后,技术稳定性、质量可靠性和使用寿命明显提升,装备结构及故障规律显著变化,要逐步改变传统的维修制度,淘汰机械地按行驶里程、摩托小时、起落架次、服役年限、使用次数安排等级修理模式,引入视情修理、基于状态的修理等模式,降低维修量、修理费用,缩短修理周期,提高总体效益,避免长期存在的"维修过剩"与"维修不足"现象。

2. 细化制定经费使用规范,提高装备维修保障效能评估科学性

装备维修经费是装备维修的重要物质基础。而计划编报、调整、下达不规范、不及时,计划执行不严格、执行率低、超范围开支和改变用途等现象是各种业务经费管理中普遍存在的难点问题。因此,要从健全装备送修、器材和设备购置手续,规范资金管理等方面入手,把握从严管理、精细管理的要求,有效避免"万能费"、无依据挪用经

费、违反规定垂直拨款等现象发生。当然,还要从源头上健全、配套法规制度,提高管理主体认识水平、责任意识等,归根结底还是要提高管理水平。

3. 着力增强器材需求预测准确性,提高装备维修保障效能评估科学性

装备维修器材管理是装备维修管理工作的重要组成部分。按年度平均下来,器材购置经费投入在全部装备维修经费投入总量中占比较高。但是,器材管理却往往是装备维修管理中最薄弱的环节之一。各级装备机关和部门应紧紧围绕需求,认真积累数据、探索器材消耗规律,根据装备发展和市场经济的特点,逐步实行计划筹措与市场筹措、集中筹措与分散筹措、实物保障与经费保障相结合的管理办法,增强器材保障的计划性和准确性。对一些易于筹措的通用货架商品维修器材,以经费供应为主,实物供应为辅;专用维修器材实行统筹统供;进口器材在组织国外订货的同时,要加大力度,采取研仿代用等措施逐步提高国产化保障程度。

3.3.6 及时升级信息化管理手段

管理的基本手段为计划、组织、指挥、协调和控制等,这些都是组织资源有效配置的必要手段。以效能为核心的装备维修管理,也必须注重资源的最佳整合,通过组织等级链的直接监督、程序规则的工作过程标准化、计划安排的工作成果标准化、教育培训的人员技能标准化和直接接触的相互调整等途径来展开,以降低管理的不确定性和风险。整合意味着通过进退自如、取舍有度地对资源配置展开优化,获得系统最优。对于以效能为核心的装备维修管理,在管理手段创新上,最具代表性的应该是军地装备维修资源的整合,力求通过军地装备维修资源集约优化,尽快实现力量体系一体化、物资储供一体

化及管理信息一体化,为装备维修保障效能的大幅提升提供坚强的物质及技术支撑。而这些都离不开信息化管理手段的开发与运用。当前,装备维修管理工作已经步入了新的历史发展时期,正朝着信息化方向逐步发展,但与信息化管理手段滞后的矛盾愈加明显。从整个装备维修管理系统的角度出发,在信息化管理手段运用中要突出解决"一个滞后""两个缺乏"。其中,解决"一个滞后",即解决装备维修信息资源的开发和利用滞后于硬件建设,注重信息数据的长期积累、有效配置、融合共享,以支撑硬件功能的充分发挥;解决"两个缺乏",即解决信息资源管理组织机构缺乏科学规划和信息资源缺乏标准化、规范化,实现信息资源统筹、统建、统管、统用,信息资源采集、存储、传输、分析、利用标准统一、过程规范。

第4章 以效能为核心的装备维修管理基本构想

新时代、新形势、新体制下,研究和推进以效能为核心的装备维修管理,必须确立正确的指导思想和原则,制定明确的管理目标,把握主要着力点,才能确保装备维修管理工作不断向深度推进和持续健康发展。

4.1 指导思想与原则

确立正确的指导思想和基本原则,是推进以效能为核心的装备维修管理研究的重要前提。

4.1.1 指导思想

以习主席国防和军队建设重要论述为指导,以强军目标为引领,以装备维修保障效能提升为目标,推进以效能为核心的军事管理革命为引擎,着眼满足打赢联合作战装备维修保障需要,坚持问题导向、厘清责任、需求牵引、重点突破,军民融合、聚力增效的原则,积极探索以效能为核心的装备维修管理价值取向和管理重点,从体制机制、方式和方法手段等多维度入手,紧紧围绕"架构柔性组织结构、融合军地维修资源、消除冗余流程环节和搞好保障效能评估"等方面展开研究,着力推行组织扁平化、指挥网络化、流程集约化、资源一体化、检测智能化和评估定量化等以效能为核心的装备维修管理模式,来指导装备维修管理工作向以效能为核心的方向不断迈进。

4.1.2 基本原则

1. 问题导向,厘清责任

毛泽东同志指出,问题就是事物的矛盾,哪里有没有解决的矛盾,哪里就有问题。管理者必须要具有发现问题的敏锐、正视问题的清醒、解决问题的自觉,否则固步自封、安于现状,一定不适应现实发展,一定会被现实所淘汰。坚持问题导向,就是要求装备维修管理主体要客观全面地分析装备维修管理工作中存在的矛盾和问题,找准严重制约装备维修保障效能最优释放的瓶颈,诸如装备维修管理职能发挥还不够充分、装备维修管理资源配置还不够合理、装备维修管理机制运行还不够顺畅、装备维修管理制度保障还不够有力、装备维修管理方法手段还不够先进等包括体制性障碍、结构性矛盾和政策性问题在内的诸多弊端,以便瞄准靶心、对症下药。坚持厘清责任的原则,就是要求每个管理者都要具备敢于触及矛盾、解决问题的责任担当。以主人翁的姿态正视存在的矛盾和问题,发挥主观能动性,创造性地开展工作,寻找解决矛盾和问题的有效途径和办法,达成解决问题从而提升装备维修管理和保障效能的目的。

2. 需求牵引,重点突破

坚持需求牵引,就是要坚持以装备维修保障需求为牵引,加强装备维修管理工作。装备维修保障的最终需求是保障效能的提升,要满足这一需求必然对装备维修管理提出更高要求。装备维修管理效能的优劣直接关乎到装备维修保障效能的提升。为此,以效能为核心的装备维修管理必须要满足"以行为精准为规范、以体系重塑为根本、以机制创新为驱动、以资源整合为手段、以流程再造为保障和以效能提升为目标"等基本要求。坚持重点突破,就是要在体制机制、方式和方法手段等方面加以突破和创新。具体来讲,就是围绕装备维修管理体制机制的调整与完善、军地装备维修资源的整合、装备维修管理流程的优化与再造,以及装备维修保障效能的分析与评估等一系列重点展开,以实现"柔性组织结构架构、军地维修资源融合、冗余流程环节消除和内外自主协同增强"等目的。

3. 军民融合,聚力增效

随着国家军民深度融合战略的深入推进,军民融合实施装备维修保障已初见成效,可为以效能为核心的军事维修管理工作顺畅运行提供很好的借鉴。要坚持军队主导,以军内维修力量为主,吸收地方国有军工企业及其他社会力量作为重要补充;要坚持集中管控,对军地双方装备维修保障功能相同或相近的资源进行优化整合、集成配套和综合利用,实行统建、统管、统用,提高整体维修保障效能;要坚持平战结合,规范军队与地方、平时与战时的装备维修保障任务分工、力量编成运用、方式方法选择,确保最大限度地发挥军地双方装备维修保障整体优势,力求通过军地装备维修资源聚力整合,尽快实现维修物资储供一体化、维修管理力量体系一体化和维修管理信息一体化,为装备维修保障效能的大幅提升提供坚强的物质及技术支撑。

4.2 管理目标

对于以效能为核心的装备维修管理来讲,需要从专业化、精细化和科学化三个维度来确定其管理目标,力求达到管理体制科学、运行机制顺畅、管理手段先进、工作流程简化及保障效能提升等。概括来讲,以效能为核心的装备维修管理就是要实现"管理专业化、管理精细化和管理科学化"。

4.2.1 管理专业化

实现"管理专业化"目标,即指体系专业化和队伍专业化,主要包括健全军地协同的专业化装备维修管理组织体系、建立网状辐射分布的专业化装备维修管理机构和打造精干高效稳定的专业化装备维修管理队伍等目标。

(1)健全军地协同的专业化装备维修管理组织体系。在装备维修管理组织体系构架上,深入贯彻军民深度融合战略,健全有利于统一决策计划、协调组织、宏观调控的军地一体、以军为主的装备维修管理组织体系。伴随武器装备系统的日趋复杂,利用社会维修力量来配合完成军队装备维修保障工作的重要性愈加凸显,而单独依靠军队装备维修保障力量,已经不能完成所有装备维修保障任务。健全军地协同管理组织体系:一方面,军队可以节约大量的人力、物力、财力,以便将更多的资源用于完成其他训练任务;另一方面,成建制地使用军民通用专业的技术人才和设备,有利于人员和装备实现从工厂到战场的转变。军地协同装备维修管理组织体系的建设和完善,将使装备维修保障能力实现整体跃升和跨越式发展。

(2)建立网状辐射分布的专业化装备维修管理机构。在装备维修管理组织机构设置上,改变既有"树状垂直分布"结构,建立一种以上级机关主管部门和国家级地方装备维修管理组织机构为中心、依战役、战术级力量及省、市级装备维修管理组织机构的次序、由内向外层级辐射的"网状扁平分布"结构的装备维修管理组织机构,打破层级观念、打破军种和军地界限、打破自我封闭,力求使各个层级之间信息资源能够得到实时共享,从而通过信息完全透明、军地主动协同来确保装备维修管理与保障效能得到最佳释放。

(3)打造精干高效稳定的专业化装备维修管理队伍。人作为活动的主体要素,在整个活动中起着主导和决定作用。人才队伍是系统效能发挥的智力和技术支撑,其建设好坏直接影响到系统效能的优劣。在以效能为核心的装备维修管理中,对于人才队伍建设来说,就是必须要打造一支精干高效稳定的专业化装备维修管理队伍。具体来讲,按需求牵引、动员储备、骨干先行、分类建设的思路,从人才培养、引进、管理使用等各个环节入手,依照统一计划、统一标准,对军地双方装备维修保障人才队伍进行分类系统建设,以充分挖掘、激活社会装备维修保障人才资源潜能,努力建设成为一支"专业齐全、结构合理、技术过硬、优势互补"的军民融合装备维修保障队伍。

4.2.2 管理精细化

实现"管理精细化"目标,即指流程无冗余、管理精准细,主要体现在各项管理工作思路明晰、途径简明、目标明确。

(1)在体制机制创新方面。对于健全优化装备维修管理体制而言,就是建立"军民融合"式装备维修管理组织形态、建立"扁平合成"式装备维修作业体系和建立"层级辐射"式装备维修管理机构等,使军地装备维修管理机构间实现自主协同、资源融合、优势互补,从而满足装备维修保障效能的最优释放。对于创新完善装备维修管理机制而言,通过建立差异化人才评价机制,力求为实现个人潜能最大限度发挥提供内在动力,来保证"人事相宜、人适其事、事得其人",促进人才培养与装备维修管理需求的平衡统一;通过建立自主协同机制,使军地装备维修管理系统中的每名管理者在共同目标指引下主动参与谋划、积极献计献策,军内各系统间、军地系统间信息资源得到实时共享,实现军地间的信息互联、互通和共享,确保维修资源运用集约快捷、实时高效;通过建立自强化机制,提升装备维修管理组织适应内外环境和临时保障需求变化的应变能力,为组织系统得以实现常态化快速健康发展提供有力保障。

(2)在维修保障资源整合方面。对于人力资源整合而言,力求通过军地装备维修保障人力资源整合,实现人尽其才、队伍精干;对于保障装备整合而言,力求通过军地维修保障装备整合,实现资源集约、实时共享;对于维修器材整合而言,力求通过军地维修器材整合,实现调配零冗余、供应零差错;对于维修战略整合而言,力求通过军地装备维修战略对接,实现优势互补、共同发展;对于维修网信整合而言,力求通过军地装备维修网络和信息资源的整合,实现开放共享、全维可视。

(3)在管理工作流程再造方面。对于再造装备维修管理工作流程而言,就是通过"消除冗余环节,简化工作程序,促进流程操作便捷高效,以适应外界环境变化""加强组织自主协同,克服条块分割,防止政出多门"和"打破纵向递进、垂直反馈信息管理模式,加强信息集成,推行精细化过程管理"等途径,来实现管理工作流程零冗余、无差错、易操作,以推动装备维修保障效能的提升。

4.2.3 管理科学化

实现"管理科学化"目标,即指依法管理、科学管理,尤其体现在健全装备维修保障管理法规体系和对装备维修保障效能的评估方面。

(1) 健全装备维修保障管理法规体系,满足"科学化"要求。使装备维修管理有法可依、有章可循,是实现以效能为核心的装备维修管理的根本保证。在装备维修保障管理法规制度的配套完善上,可通过"突出问题导向,强化顶层设计""借鉴成熟经验,完善顶层法规"和"依据顶层法律,展开合理补充"等措施,立足现有、根据需求适当增加一些与军地协同装备维修管理有关的内容或对现有部分内容进行适当删减修改,来进一步健全装备维修保障管理法规体系,使之与市场经济和装备发展相适应,确保法规体系科学化、规范化、系统化,从而能够有效保障以效能为核心的装备维修管理工作顺畅开展。

(2) 开展装备维修保障效能评估,满足"科学化"要求。要基于军民融合角度考虑,构建科学合理的装备维修保障效能评估指标体系,使其涉及军地联合管理的协调性、军地力量编组的合理性,蕴含军地资源保障的融合度、军地资源配置的精准度,尤其是将维修器材保障、维修经费保障、维修信息保障及自我防护等纳入体系研究范畴。且参与评估的主体包含军地各层次具有代表性的维修管理人员,既要确保评估体系的系统性与科学性,也要确保评估效果的真实有效、科学权威,以期为装备维修保障效能的精准评估提供科学的决策参考。

4.3 主要着力点

推进以效能为核心的装备维修管理,应着重从装备维修管理体制机制创新、军地装备维修保障资源整合、装备维修管理工作流程再造和装备维修保障效能评估四个方面着力,如图4.1所示。

第4章 以效能为核心的装备维修管理基本构想

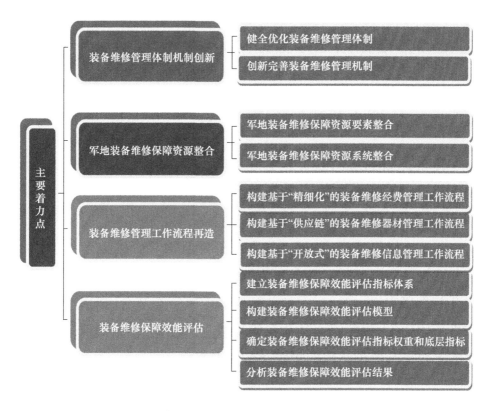

图 4.1 以效能为核心的装备维修管理着力点示意图

4.3.1 装备维修管理体制机制创新

"未来组织最重要的职能是赋能,而非传统的管理与激励"。装备维修管理体制机制的创新包括管理体制科学化、运行机制多元化和管理法规精细化等内容,其目的是实现自主赋能。通过优化管理机构、简化管理关系和细化管理制度等途径对管理体制进行科学调整与完善,确保管理体制科学即维修管理组织体系结构精干、运行高效,配套法规制度科学合理、执行便捷,从而增强组织内外自主协同能力;通过建立差别化机制、自主协同机制和自强化机制等途径对装备维修管理机制展开补充和创新,确保运行机制顺畅即各种机制功能不可替、运行无重叠、协调无干扰且机制间能够达到优势互补、无缝衔接,从而增强体系内外自主调节能力,为装备维修保障效能得到最优释放提供引擎。

4.3.2　军地装备维修保障资源整合

管理手段的创新,是促进管理效能提升的关键环节。对于以效能为核心的装备维修管理,在管理手段创新上,最具代表性的应该是军地装备维修资源的整合,通过整合实现聚力汇能。不仅需要整合军内装备维修保障资源,更要加大与外部资源整合的力度。主要从装备维修保障资源要素整合和装备维修保障资源系统整合两个维度展开分析研究,力求通过军地装备维修保障资源整合,尽快实现物资储供一体化、力量体系一体化和管理信息一体化,为装备维修保障效能的大幅提升提供坚强的物质及技术支撑。

4.3.3　装备维修管理工作流程再造

装备维修管理工作流程再造,是装备维修管理方式创新的重要环节,其目的是实现简政增能。对于装备维修管理工作流程再造,主要从构建基于精细化的装备维修经费管理工作流程、构建基于供应链的装备维修器材管理工作流程与构建基于开放式的装备维修信息管理工作流程三方面展开分析研究。研究中遵循流程固有的逻辑性、变动性和可分解性等特性,借鉴企业业务流程改进中常用的 ESIA 法,紧紧围绕"专业化、精细化、科学化",通过"一简化、两整合、三消除"等步骤,其中"一简化"即简化非必要工作,"两整合"即任务整合和机构整合,"三消除"即消除非增值活动、消除无用信息与消除重叠机构等,对军地协同装备维修管理机构各层级、分系统工作流程进行重构,实现管理工作流程零冗余、无差错、易操作,使之能够满足装备维修管理与保障效能得以最优释放需要。

4.3.4 装备维修保障效能评估

评估是人类认识水平发展到一定阶段的产物,是评估主体发现客体价值的一种有效方法,是人们认识把握事物规律或活动价值的主观行为。运用现代管理理论和先进技术对军事管理问题进行评估,已成为实现军事管理决策科学化的有效方法,并成为提升军事效能的重要途径。本章将装备维修保障效能分析与评估作为以效能为核心的装备维修管理的重点加以研究,其目的是实现精准估能。着眼装备维修保障效能最优释放,系统分析装备维修保障效能提升的各种影响因素,科学构建一套完整的装备维修保障效能评估指标体系,运用专家打分(赋值)法和层次分析法等确定评估指标权重,建立数学模型进行定量分析,旨在对装备维修保障效能作出科学分析与评估,为以效能为核心的装备维修管理决策提供科学的理论依据。

第 5 章 装备维修管理体制机制创新

国防和军队改革后新的领导管理体制机制包含了装备维修管理体制机制,新的体制机制为推进以效能为核心的装备维修管理搭建了基本平台,但仍需结合装备维修实际,继续完善和创新。装备维修管理体制机制创新并非是对现有体制机制的颠覆,而是对现有体制机制的优化与完善。

5.1 装备维修管理体制机制创新分析

创新装备维修管理体制机制是推进以效能为核心的装备维修管理的首要内容,也是解决装备维修管理长期存在的体制性障碍、结构性矛盾和政策性问题的重要举措和有效途径。

5.1.1 装备维修体制机制创新内涵

要深刻理解装备维修管理体制机制创新的内涵,必须要对"创新"和"装备维修管理体制机制"的概念具有全面的认识。

创新是引领发展的第一动力。从本质上讲,创新既是一个过程,也是一个结果,是创新思维的外化、物化、形式化。而装备维修管理体制机制包括装备维修管理体制及其运行机制等内容,其中装备维修管理体制是装备维修管理组织体系及相应制度的统称,主要包括装备维修管理机构的设置及其职能划分、相互关系以及相关的法规制度等。机制,指各要素之间的结构关系和运行方式,是一个动态的概念。机制既体现并且包含于体制之中,同时体制又必须在一定的机制作用下得以运行。一方面,机制要受制于体制,不能脱离体制的约束。另一方面,机制的合理运行对体制起到完善和补充的作用。机制是体制中各种因素相互制约、互相交往和联系的制度保证,只有在一个机制健全、运行顺畅的条件下,才能保证体制的实现。机制本身具有灵活性和前瞻性的特点,机制在运行过程中,容易提前预知变化。因此,机制有利于体制的改革和完善。

对于装备维修管理体制机制创新而言,其内涵可作如下表述:指通过健全优化装备维修管理体制与创新完善装备维修管理机制等途径,使装备维修管理体制与装备维修管理机制两者动静一体、相互依存、优势互补,以满足装备维修系统效能最佳释放的一系列管理行为的统称。

5.1.2 装备维修体制机制创新思路

装备维修管理体制既是装备管理体制的重要方面,也是军队管理体制的重要组成部分。装备维修管理体制决定了装备维修管理系统的基本框架,是发挥装备维修管理功能、实现装备维修管理目标的重要工具,同时需要诸多科学合理的装备维修管理机制高效顺畅运行,才能确保装备维修管理体制的作用得到充分发挥。

就装备维修管理体制机制创新研究而言,其总体思路即"聚焦一个中心、实施双轮驱动,力求实现自主赋能",其中,"一个中心"指装备维修体制机制创新,"双轮驱动"指健全优化装备维修管理体制与创新完善装备维修管理机制。因此,鉴于在新体制下装备维修管理中仍不同程度存在"内外缺乏主动沟通""法规体系不够健全"与"组织自愈能力欠缺"等制约装备维修管理体制机制高效运行问题的考虑，将重点围绕健全优化装备维修管理体制与创新完善装备维修管理机制等内容展开研究。具体来讲，考虑到以效能为核心的装备维修管理更加注重加强集中统一领导，简化管理层次，在装备维修管理体制的健全优化上，将优化装备维修管理组织体系和健全装备维修保障管理法规体系等作为重点展开研究。由于受供给方式、人员素质、体制结构等因素影响，导致管理机制不够完善，仍存在如目标决策缺乏针对性、效能评估缺乏综合体系性指标且量化不够等短板。目前，装备维修管理运行机制主要包括竞争机制、评价机制、监督机制、协调机制、激励机制和补偿机制等，但尚缺少在差异化人才评价、主动协同及系统自愈化等方面的机制协调，亟需对现有机制进行创新完善，来推动装备维修管理体制得以顺畅、快捷、高效运行。因此在装备维修管理机制的创新完善上，主要围绕建立差异化人才评价机制、建立自主协同机制和建立自强化机制等内容展开阐述。

5.1.3 装备维修体制机制创新目标

对于以效能为核心的装备维修管理而言，体制机制创新的目标就是健全优化、创新完善现有装备维修管理体制机制，使其能够满足装备维修系统效能的最优释放。健全优化装备维修管理体制，是装备维修管理活动实施的基础和前提，需要通过建立"军民融合"式装备维修管理组织形态、"扁平合成"式装备维修作业体系、建立"层级辐射"式装备维修管理机构及健全装备维修保障管理法规体系等途径来实现，使军地装备维修管理机构间实现自主协同、资源融合、优势互补。创新完善装备维修管理机制，需要通过建立差异化人才评价机制、建立自主协同机制和建立自强化机制等途径，为组织系统得以实现常态化快速健康发展提供有力支撑,高效保障以效能为核心的装备维修管理各项工作无缝衔接和顺畅展开。

5.2 健全优化装备维修管理体制

在研究装备维修管理体制时,既要反映管理的规律,又要反映为装备使用服务的规律,这就要求把装备使用和维修管理结合起来,寻找维修管理体制的最佳形式。装备维修管理体制的健全与优化,要以满足装备维修管理与保障效能最优释放为目标。

5.2.1 优化装备维修管理组织体系

优化装备维修管理组织体系,对于明确装备维修管理工作相关各个主体的职责权限、业务关系具有基础性作用,它是装备维修管理活动实施的前提。

1. 建立"军民融合"式装备维修管理组织形态

军队组织形态,是指军队组织结构的表现形式。其优劣直接反映军队整体结构科学与否。按照"建立以军队力量为主、地方力量为辅的装备维修力量体系"的要求,在作出装备维修管理组织形态选择时,应当将军队自主维修能力放在首位考虑。在保证军队核心维修保障能力不被削弱的前提下,使装备维修保障最大程度社会化。当前,很多国家都将"军民结合"作为国防建设的基本政策之一,以同时促进军事实力和经济实力的提高,外军在装备物资管理、装备维修和运输中积极探索利用民间力量,力求建立"军民结合"的装备维修管理体制。因此,将民间维修力量纳入装备维修管理体制,已成为外军装备维修管理体制调整的又一重大趋势。

"军民融合"式装备维修管理组织形态的建立,应把握好以下几点。一是统筹规划设计,融合列选资源。即加强顶层设计,军地双方共同参与制定一套切实可行且有利于军地双方长远建设发展的法规制度,严格遴选地方装备维修保障要素,坚持"取舍有度、规模适度"原则,将军地双方包括人力、物力、财力及信息力在内的列选装备维修保障资源有机融合,务必取得 1+1>2 的效果。二是军地主动协同,资源实时共享。军地双方要打破军地界限,坚决杜绝自我保守、囿于窠臼,将主动协同参与管理以法规形式严格固化,彼此更要增强主动协同意识,同时通过主动协同,使彼此的人力、物力、财力及信息等资源得到实时共享,尤其在关键环节、重要节点、重大任务中实施保障,通过资源的实时共享,可确保各种资源在运用过程中达到实时优势互补、全程无缝衔接。三是军方主导管理,加强联建合训。坚持"军队为主、地方为辅"的原则,通过联建合训将"军民融合"式装备维修管理组织形态持续固化,其中合训要采取定时与随机相结合的方式展开,严格把关训练质量,每次合训的组织都要由军地双方共同制定训练方案,规定所达到的预期目标,坚决杜绝流于形式,并要根据合训效果展开缜密分析研判,以确保双方装备维修保障潜能在保障中得到最大发挥。建立"军民融合"式装备维修管理组织形态,对装备维修管理组织体系展开优化,可为军地协同的装备维修管理组织体系建立提供正确方向,可有力地提升装备维修管理和保障效能。

2. 建立"扁平合成"式装备维修作业体系

21 世纪初,美国陆军部发布《陆军维修转型——两级维修的概念》,其要点是维修从靠前修补(Fix Forward)到前方更换/后方修理(Replace Forward/Repair Rear)的改变,主要体现"减少装备维修级别、节约保障编制员额、采取模块力量编组、降低装备后送需求、提升力量反应能力及减少战场维修足迹"等特点,以更好地提高装备维修效能和适应快速部署需求。可以说,这种变化是美军整个国防改革的产物,是聚焦后勤、模块化部队的结果。

新体制下,装备维修作业体系正在由基地级、中继级、基层级构成的"三级维修"向由基地级和部队级构成的"两级维修"转变,即压减现有军兵种中继级保障机构和职能,将较高等级修理任务赋予基地级维修保障机构,将一般故障排除和检测等任务赋予部队级维修保障机构,相关人员分别向上、向下分流。按照战场快速抢救抢修要求,部队级机构由原件修复为主向部组件更换为主转变,主要承担技术难度小、修理时间短、人员技术要求相对较低的任务。基地级机构由整装恢复性大修向故障部组件集中修理和整装恢复性修理转变。

由此可见,新体制下装备维修作业体系还是主要以军队维修力量为主,并未将地方维修支援力量完全、实质性地融入其中。建立"扁平合成"式的装备维修作业体系,即要实现全军一体、军地融合、资源共享。其中,基地级维修主要包括军队战略、战役所属装备修理工厂和仓储机构,以及军地有关装备维修的科研院所和承研/承制机构等。其任务除了对本级装备进行维修保障外,主要是负责装备维修技术的研发与维修保障模式的创新,并对下级提供装备维修保障支援。而部队级主要由战役、战术所属装备维修机构、地方维修工厂及战时动员装备维修技术力量构成。其主要任务是根据上级要求,对本级所属装备实施维修保障。且部队级各保障单元实施装备维修保障时,均采取"模块化"编组,依情依势、灵活拆拼,确保装备维修保障资源运用集约高效和装备维修保障效能的最佳释放。"扁平合成"式装备维修作业体系构架如图5.1所示。

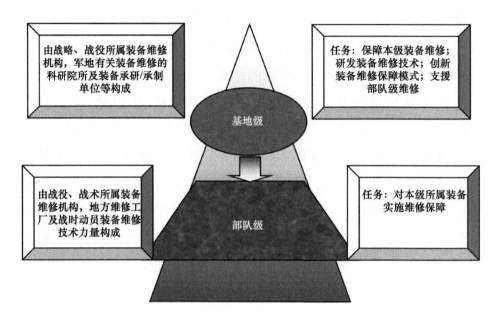

图 5.1 "扁平合成"式装备维修作业体系构架示意图

3. 建立"层级辐射"式装备维修管理机构

装备维修管理机构主要由组织计划机构和维修保障实施机构组成。其中,装备维修组织计划机构主要是担负装备维修管理职能的各级机关,其主要职能是计划并组织实施装备的维修组织计划、退役、报废以及装备实力统计等;装备维修保障实施机构主要是各级装备保障部(分)队,其主要职能是具体负责实施装备的技术鉴定、日常维护、修理、零备件供应等工作。为满足以效能为核心的装备维修保障需求,亟须基于"层级辐射"式装备维修管理机构对装备维修管理组织展开优化,以实现信息资源透明共享,消除信息"孤岛",使各维修单元间达到自主协同、资源融合、优势互补,从而满足装备维修保障效能的最优释放。

具体来讲,在装备维修管理机构构架上,改变既有"树状垂直分布"结构,建立一种"基地级→部队级"由内向外的"层级辐射"式结构,即以军队最高机关装备维修管理机构为中心、按照由上到下的部队装备维修管理组织机构的次序、由内向外逐级辐射的"网状扁平分布"结构的装备维修管理机构,打破层级观念、打破军种和军地界限、打破自我封闭,力求使各个层级之间信息资源能够得到实时共享,从而通过信息完全透明、军地主动协同来提升装备维修管理效能,如图 5.2 所示。

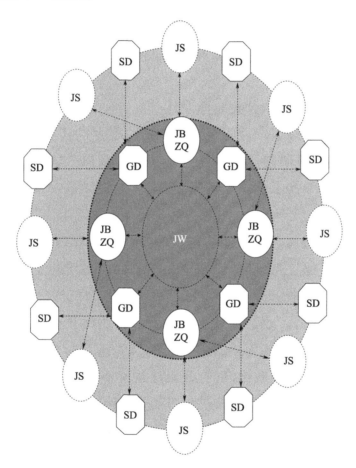

图 5.2 "层级辐射"式装备维修管理机构示意图

JW——军队最高机关装备维修管理机构;JB——军兵种装备维修管理机构;
ZQ——战区军种装备维修管理机构;JS——军(含)以下装备维修管理机构;
GD——国家级地方装备维修管理机构;SD——省(含)以下级别装备维修管理机构。

5.2.2 健全装备维修管理法规体系

健全完善装备维修保障管理法规体系,使装备维修管理有法可依、有章可循,是实现以效能为核心的装备维修管理的根本保证。在装备维修保障管理法规制度的配套完善上,要立足现有适当增加一些与军地协同装备维修管理有关的内容或对现有部分内容进行适当删减修改,使之与市场经济和装备发展相适应,以便于规范装备维修管理工作,有效保障以效能为核心的装备维修管理工作的顺畅展开。

1. 突出问题导向,强化总体设计

装备维修管理是一项政策性、法规性很强的工作,涉及政府部门、军队、企业、科研院所等多种社会主体。在以效能为核心的装备维修管理过程中涉及的社会关系尤为复杂,必须进一步理顺各级军民融合组织机构之间的关系,进一步对既有法规制度进行健全完善,为军地双方共同参与以效能为核心的装备维修管理提供全面充分、客观公平的法律支持,确保以效能为核心的装备维修管理体制的建立完善以及装备维修管理活动规范有序展开。对于以效能为核心的装备维修管理而言,政策法规是实施管理行为的依据和工作规范化的基础,是实现以效能为核心的装备维修管理目标的保证。针对目前仍存在的法规制定政出多门、政策法规互不配套、部分法规不够科学、法规体系覆盖不全等诸多弊端,以效能为核心的装备维修保障管理法规体系应能突出军地协同维修管理的特点,应能涵盖军队以及能够为军队服务的社会各个方面,将军队和社会纳入同一个系统整体筹划,且使其能兼顾到包括维修任务划分、企业资格审查、维修保障合同管理、维修质量监督等在内的维修管理各个环节。所以,需要军地协同加强顶层设计,遵循"务实性、科学性、发展性和层次性"等原则,科学规划、统筹兼顾、重点突破,健全装备维修保障管理法规体系,力求建立一套覆盖全面、系统规范、结构合理、纵向衔接、横向配套且便于操作的装备维修保障管理法规体系。

2. 借鉴成熟经验,完善顶层法规

法规的制定需要顶层法规作为遵循与指导。从军民一体化装备维修保障工作的实践来看,尚缺乏统领维修保障的顶层法律,且现有法律对于实施军民一体化装备维修保障的针对性和约束性不强。由于缺乏健全、完备的顶层法律,致使相关工作无法可依,也影响了下位的相关法规出台。可以说顶层法规的缺乏,已成为制约军民一体化装备维修保障水平跃升的一个显著瓶颈。为进一步推进军民一体化装备维修保障建设,应紧密结合开展军民一体化装备维修保障建设的实际,认真吸收借鉴西方发达国家有关立法经验,在现有的《中华人民共和国国防动员法》《中华人民共和国国防法》《中华人民共和国合同法》中增加与军民一体化装备维修保障有关的内容或对现有部分内容进行适当修改,使之与市场经济和装备发展相适应,以便于规范军民一体化装备维修保障工作,为军民一体化装备维修保障建设提供基本依据。

3. 依据顶层法规,展开合理补充

目前,在装备维修保障管理法规层次,关于军地协同装备维修保障管理工作的综合性法规尚未出台,只在军队现行的一些法规中涉及部分相关内容,因此,目前立法工作较为紧迫。应根据现行的顶层法规,将现行条令、条例等法规中涉及军民融合装备维修保障管理的相关条款条文,进行汇总分类、调整完善。一是抓紧制定军民融合相关法规。抓紧制定组织编制相关法规,规范军民融合装备维修保障组织机构的设置、人员构成、设备设施编配等内容;抓紧制定专业工作法规,规定军队系统与国防科技工业系统在各项专业工作中的基本任务、职责划分等;抓紧制定机构工作法规,规范各级军民融合装备保障部门的工作制度、指导思想和原则、内外关系和职责权限等;抓紧制定军民两用技术发展规划,对发展军民两用的高新技术及其产业化的范围、项目投资、项目管理、优惠措施等做出明确的规定;抓紧建立军民两用技术标准体系,确保标准体系的科学性、合理性和先进性;抓紧完善民企准入和退出法规,为民企参与装备维修保障提供便利条件的同时,有效防止因民企违约而给军队带来的风险;加强科技成果转化的法律保障,明确科技成果转化方式、科技成果的权属、科技成果产生的利益分享等问题;加快调整税收方面的有关法规,给予民营企业税收优惠待遇,使之与军工企业公平竞争。同时,关于军民融合装备维修保障各工作领域的具体规章仍十分缺乏,应根据各单位实施军民融合装备维修保障的实践经验,对一些制约军民融合装备维修保障的重大问题,制定操作性较强的规章和标准。二是尽快调整保密方面的有关法规,规定对民企的密级确定、涉密载体管理和失泄密问题惩处等内容。三是完善军内相关法规。各军兵种应根据自身的装备维修保障任务特点及需要,根据相关配套法规制定本军兵种的军民融合装备维修保障法规,如《××军民融合装备维修保障管理办法和实施细则》等。

5.3 创新完善装备维修管理机制

创新完善装备维修管理机制,需要紧盯短板,从解决装备维修管理机制与装备维修系统效能最优释放不相适应这一矛盾入手,重点包括建立差异化人才评价机制、建立自主协同机制和建立自强化机制等内容,与原有机制形成优势互补,以期通过良性运行共同促进装备维修管理与保障效能的最优释放。

5.3.1 建立差异化人才评价机制

评价是对行为和过程的评估与认定,评价是决策的基础。由于系统内各要素机理存在差异,就需要采取不同的方式来运行协调,才能使各个系统更加顺畅高效地运转。人作为活动的主体,建立差异化人才评价机制,对于激励人才发展、发挥个人潜能、提升保障效能等均具有重要作用。建立差异化人才评价机制应关注以下三个方面。

1. 健全完善人才评价体系

管理人才队伍专业化是以效能为核心的装备维修管理价值取向之一。随着军队体制改革的不断深入和现代科技的日益迅猛发展,新型装备陆续列装、新的专业应运而生,对装备维修管理人才专业化提出了更高的要求。当前,要着手打造"四支专业化队伍",即培养和造就一支具有"指技合一"的知识结构和高水平的指挥控制能力的"复合型"装备维修组织指挥人才队伍;培养一支精通本职业务、熟悉信息知识的"专家型"装备维修管理人才队伍;造就和培养一支具有较强的科研教学能力和创新能力的"创造型"装备维修科研教育人才队伍;造就和培养一支具有很强的专业素质和操作技能的"多能型"装备维修专业技术人才队伍。专业化的人才队伍,需要配套科学的人才评价体系来保证"人事相宜、人适其事、事得其人",促进人才培养与装备维修管理需求的平衡统一。因此,就需要针对不同的人才建立不同的评价系统,完善人才评价体系,以适应公平公正、科学合理的评价要求。

2. 制定人才分类评价标准

随着军民融合深度发展的持续推进,军地装备维修人才日益增多,人才结构也日趋多样化。不同行业、不同领域的人才各具特点,这就需要严格依情、科学制定人才分类评价标准，要从以下几点着手展开：一是汇总分类。严格区分各领域、各行业范畴，以职业属性和岗位要求为基础，对军地装备维修人才数质量展开汇总分类，确保"全方位、多层次"展开人才类别细化。二是量体裁衣。从以效能为核心的装备维修管理需求入手，从人才及组织长远发展着眼，确定各层次、各领域、各专业人才评价标准。三是实时更新。在制定新的人才分类评价标准后，加大检验力度，严格根据实际需求，实时删除那些不合时宜的条文款项，使研讨、制定、更新、完善等环节构成严密的闭合回路，确保人才分类评价标准执行科学合理、快捷高效。

3. 创新人才评价方式方法

对于以效能为核心的装备维修管理而言，注重系统整体效能持续发挥最优为管理核心所在。当前，装备维修管理人才评价方式方法主要包括考核认定、问卷调查、个人述职、业绩评价等，总的来讲，评价方式较为单一，评价方法基本趋同。创新人才评价方式方法需要把握以下几点：一是追求多元化。多元化的人才评价方式方法可使得多种评价方式优势互补，评价更加全面客观。且各种评价方式方法不可替代，均具有极强的代表性。二是防止行政化。为防止在人才评价中出现行政化、"官本位"倾向，要在人才评价方面坚决破除"繁文缛节"，破除模棱两可的评价标准，避免评价中出现"感情分值"，确保评价公平、公正、公开。三是力求科学化。科学化要求人才评价贯穿始终，要求人才评价定性定量结合，要求评价过程全面覆盖，要求评价得以常态实施。

5.3.2 建立自主协同机制

从某种意义上讲，先前的沟通协调机制属于一种被动性机制，而自主协同机制属于一种主动性机制,更加强调组织内、组织与组织间协调与沟通的主动性。通过自主协同机制的顺畅运行,使军地装备维修管理系统中的每名管理者在共同目标指引下主动参与谋划、积极献计献策,军内各系统间、军地系统间信息资源得到实时共享,使资源得到最优整合,无论是管理人才资源、保障装备资源、维修器材资源,还是维修经费资源、维修技术资源、维修信息资源等,从而可极大地提升装备维修管理与保障效能。

1. 建立多维协同机制

以效能为核心的装备维修管理活动的顺畅展开,涉及军地多个部门之间的组织协调,覆盖面广、指挥复杂、任务繁重。为确保维修资源运用集约快捷、实时高效,必须建立多维协同机制,促使面对任何一种保障任务,凡涉及保障的军地维修资源要素均可实时处于最佳动态释能状态。多维,包括纵向、横向及交叉等维度,通过多维协同机制的建立,纵向可以实时进行督促检查、情况反馈,横向可以实时进行信息沟通、资源共享,交叉可以实时进行跨部门、跨领域衔接配合,统筹考虑资源储备调用,最大限度发挥装备维修保障效能。

2. 采取多元方法手段

机制的顺畅高效运行,与方法手段的选择密不可分。方法手段主要包括行政、法律、经济、协商对话、制度规范等。如纵向自主协同机制,彼此双方属于法定权责或隶属关系,可采取行政、法律、制度规范等手段;横向自主协同机制,对于同一单位内协调,则可采取法律或制度规范等手段,而对于不同单位间的协调,则可通过协商对话手段解决;交叉自主协同机制,彼此双方跨部门、跨领域,则可采取经济或协商对话等手段。同时,军地双方要通过构建常态化联合办公机构,建立联署办公、联席会议、定期沟通等制度,确保军地实时加强沟通协作,促进多维自主协同机制常态化顺畅运行。

3. 确保信息交互共享

自主协同具有自主性、双向性、协同性等特性,主要依托信息系统来实现,以达到信息共享、优势互补、协调一致、无缝衔接的目的。信息交互共享是自主协同机制顺畅运行的基础,是以效能为核心装备维修管理活动展开的关键,其作用发挥立体多维、贯穿始末。因此,军地双方都要摒弃自我发展、相互隔离的传统观念,通过合力完善军民一体化装备维修保障管理信息系统,使体系信息达到"全域通""动中通"和"末端通",内部信息达到全维透明、资源共享,实现信息赋能、网络聚能、体系增能。

5.3.3 建立自强化机制

自强化机制或称为自愈合机制,属于一种发展机制,主要解决维修规范化管理模式在变化的环境中如何实现长效发展的问题。自强化机制能够以整个装备维修管理系统内的物质资源、技术资源、智力资源为载体,通过对要素维、结构维、运行维的调整来实时主动地适应内外环境和临时保障需求的变化。

1. 注重过程控制一体化

以效能为核心的装备维修管理是各个系统要素高度融合、各种管理力量高度一体、各种管理活动高度协调的一体化管理。一体化管理需要一体化的指挥控制系统,必须具有外形扁平、跨级越阶、柔性联结的"扁平状矩阵式"指挥控制结构,以减少指挥控制环节,缩短指挥控制信息运转周期,从而保证故障率降至最低。同时通过跨级越阶,打破僵化的等级壁垒,允许自上而下的跨级指挥,也允许自下而上的越阶沟通,形成一个有活力的、能灵活反应的整体。在矩阵式指挥控制结构中,接点间呈网状链接,既归上级"管",又受同级或下级"理",优势得到实时互补,缺陷得到实时弥补,从而确保装备维修管理活动的持续高效运转。

2. 注重过程控制可视化

一是建立装备维修管理信息资源数据库。按照装备维修管理工作信息类别,建立完善"动静合一"的装备维修管理信息资源数据库,加大对装备维修管理机构、维修计划、维修人才、维修技术、维修器材、维修资料、维修科研等信息库的实时更新与完善。二是实现装备物资可视化。在装备和物资器材上附加条形码或射频卡,利用自动识别装置(如询问机、扫描器等),可快速获取装备数质量、在运轨迹、供应交接等相关信息。三是配备工况记录仪。该设备是一种将高度智能化的维修保障系统与武器系统集成在一起的先进监测仪器,使装备自身具有实时状态监控、数据处理、故障判断、故障预测和维修决策等功能,可有效提高武器系统的维修性、测试性和保障性。装备工况记录仪能够自动记录并及时采集汇总装备摩托小时消耗、行驶速度、行驶里程、油压水温等工况信息,有效避免了人工记录随意性大、数据不够准确等问题。通过上述方法手段可使整个装备维修管理活动基本实现可视化,能够满足管理系统自愈的要求。

3. 注重过程控制精细化

精益六西格玛管理是当前国内外实施精细化、定量化质量管理的一套成熟方法,是现代企业追求卓越绩效的产物。通过采取精益六西格玛管理手段,可有效提高过程控制的精细化水平。其以"定义－测量－分析－改进－控制"(DMAIC)流程为中心,摆脱以组织功能为出发点的思维方式,具有持续改进、全员参与、追求完美的文化特质,通过对管理中每个过程实施精细化操作,使管理过程始终处于受控状态,确保整个管理过程中一旦出现不稳定波动能够实时解决而使系统得到自愈。可以充分借鉴精益六西格玛管理做法,将其运用到装备维修管理工作中,以及运用到装备信息、维修器材、维修经费管理等领域,确保实时消除浪费和降低变异,而不影响整个系统的高效顺畅运转。

第 6 章　军地装备维修保障资源整合

以效能为核心的装备维修管理必须突出军地装备维修保障资源整合这一重要手段。装备维修资源整合,不仅限于整合军内装备维修资源,而且需要深入贯彻军民融合战略,加大军地维修资源的整合力度,在装备维修资源整合维度手段方面不断推进军民融合向深度发展。

6.1　军地装备维修保障资源整合分析

实现装备维修资源的有效整合是提升装备维修管理与保障效能的重要保证。研究军地装备维修保障资源整合的内涵、思路及目标,可为以效能为核心的装备维修管理手段创新提供参考。

6.1.1　军地装备维修保障资源整合内涵

管理的核心在于对现实资源进行有效整合。军地装备维修保障资源涵盖用于装备维修保障的一切资源要素。装备维修保障资源本身并不能形成装备维修能力,只有通过资源相互配合与协调,形成合理的结构,才能达成系统整体最优。军地装备维修保障资源整合的实质在于通过对军地人力、物资、技术和信息等资源要素进行"系统调整"达到一体化"有机融合",实现资源由"相对静止"向"动态一体"、由"相对分散"向"综合一体"转变,为装备维修系统效能充分发挥提供有力支持。

6.1.2　军地装备维修保障资源整合思路

各种装备维修保障资源若离开密切配合与相互协调,就无法形成装备维修保障能力。对于以效能为核心的装备维修管理而言,必须针对军地维修资源管理中存在的问题,对既有军地装备维修资源进行整合,才能确保军民融合装备维修保障效能最优释放。

关于军地装备维修保障资源整合研究,总体思路为"坚持问题导向,立体多维整合,力求实现聚力汇能"。鉴于在新体制下装备维修管理中仍不同程度存在"军地融合不够""缺乏主动协同"与"保障资源浪费"等因素制约军地装备维修保障资源集约高效运用这一问题考虑,重点从要素整合和系统整合两个角度,就军地装备维修保障资源整合问题展开研究。从系统角度讲,资源包括人力、物力和信息等要素。由于信息资源整合涉及维修信息网络建设问题,当属于战略管理层面,故将其列入资源系统整合范畴展开研究。"立体多维"指从各层面、多角度进行整合,包括资源要素整合与资源系统整合两个层面,而军地装备维修保障资源要素整合又包括人力资源整合、保障装(设)备整合和维修器材整合等多角度内容。军地装备维修保障资源整合如图6.1所示。

6.1.3　军地装备维修保障资源整合目标

通过军地装备维修保障资源的要素与系统整合,使装备维修保障资源配置更加合理,使用更加高效,保障更加有力,从而达成提升装备维修保障效能之目的。

从军地装备维修保障资源要素整合层面讲,主要涵盖人力资源整合、保障装(设)备整合及维修器材整合等内容。对于人力资源整合而言,力求通过军地装备维修保障人力资源整合,实现人尽其才、队伍精干;对于保障装(设)备整合而言,力求通过军地装备保障装(设)备整合,实现资源集约、实时共享;对于维修器材整合而言,力求通过军地装备维修器材整合,实现调配零冗余、供应零差错。

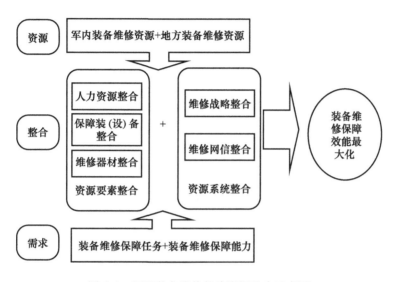

图 6.1　军地装备维修保障资源整合示意图

从军地装备维修保障资源系统整合层面讲,主要包括维修战略整合和维修网信整合等内容。对于维修战略整合而言,力求通过军地装备维修战略整合,实现优势互补、共同发展;对于维修网信整合而言,力求通过军地装备维修网信整合,实现开放共享、全维可视。

6.2　军地装备维修保障资源要素整合

军地装备维修保障资源要素整合主要包括人力资源整合、保障装(设)备整合及维修器材整合等内容,要素整合作为保障资源整合的关键,对装备维修系统效能的提升起着重要的支撑作用。

6.2.1　军地装备维修人力资源整合

人作为活动的主体要素,在整个活动中起着主导和决定作用。在以效能为核心的装备维修管理中,将军地双方一切人力资源进行整合,能更有效地发挥人才队伍的潜能,为装备维修保障效能发挥提供不竭动力。

1. 注重装备维修保障队伍一体化

装备维修保障队伍一体化,需要彻底转变传统思维、打破军地界限、优化人才结构,将纳入军民融合体系内的军队双方装备维修保障人才队伍进行全方位、多层次力量整合。一是注重装备维修保障人才队伍建设。按需求牵引、动员储备、骨干先行、分类建设的思路,从人才培养、引进、管理使用等各个环节入手,依照统一计划、统一标准,对军地双方装备维修保障人才队伍进行分类系统建设,以充分挖掘、激活社会装备维修保障人才资源潜能,努力建设成为一支"专业齐全、结构合理、技术过硬、优势互补"的军民融合装备维修保障队伍。二是注重装备维修保障人才队伍训练。依照统一计划,按照"各司其职,密切协作,科学组训,灵活多样,注重实效"的要求,采取定期组训与随机组训相结合、分训与合训相结合、综合演练与分业训练相结合等方式展开,从难从严,从实战需要出发按纲施训,并建立健全考核监督机制,对训练质量进行严格把关,对考核未通过的单位或个人决不姑息迁就,确保装备维修保障实践中整体效能得到最优发挥。

2. 实现装备维修保障编组模块化

外军装备维修保障的成功经验已证明,采取军地维修人力资源模块化编组模式实施装备维修保障可有效提升装备保障效能。一是平时分别编组。平时,将军地资源分别按编制划分为决策模块、维修控制模块和技术维修模块等。其中,决策模块主要负责维修任务实施的统一计划、指挥决策与信息汇总;维修控制模块主要负责对维修故障的检测评估及确定工序流程;技术维修模块主要负责故障排除任务,实现"分训时模块相互独立,合练时模块功能耦合",以便为战时军地装备维修力量"统分结合"提供坚实的技术支撑。二是战时统一编组。战时,对军地装备维修人力资源进行统一领导、统一指挥、统一调配,将所有人力资源编配成不同专业维修模块,依据保障任务需求实时进行组合,实时对本级任务范围内的装备维修保障力量模块进行动态部署和随机重组,以大幅增强指挥控制的动态性、灵活性和保障行动的实效性。通过模块化编组:一是可优化维修保障资源配置,避免资源浪费;二是能够快速地调配检测与维修单元,便于扩编、组合、调整和补充;三是通过"权威实时评估确定流程、工种实时待命灵活组合"的装备维修管理模式,可使模块间达到优势互补、功能耦合、密切协同、抢防一体的优势,同时使战场生存能力得到大幅提升。

6.2.2　军地装备维修保障装(设)备整合

维修保障装(设)备包括用于完成装备维修保障工作的装备、设备、机工具等。主要针对其在数量规模、技术含量和系统配套等方面的整合展开阐述。随着军事装备体系的不断优化,对维修保障装(设)备在信息化、智能化上的要求越来越高,需求数量也越来越大,仅靠军队单方面研制生产远远不够。必须充分发挥地方工业部门装(设)备研制生产潜力,搞好维修保障装(设)备的改造、研发生产,特别在标准化故障诊断设备、自动识别技术设备、新型状态监控设备、通用化维修保障平台等高技术装备维修保障装(设)备方面,以实现维修保障装(设)备与高技术武器装备的同步发展。

1. 系统配套在整合中求突破

(1)可采取直接利用民用维修保障装(设)备的方式展开。一是可以直接利用民用的条形码识别设备实现装备维修保障物资的自动识别和监控;二是可以利用民用的视频监视设备、状态感知设备形成对器材筹供、力量部署、设备配置、人员管理等的跟踪、记录和控制能力;三是可以采用民用的检测仪器仪表、小型零配件加工设备、除锈喷漆工具对武器装备进行维护保养;四是可以采用民用的供电、搬运、起重装(设)备为维修保障工作提供便利等。

(2)可采取提前购置随装维修保障装(设)备的方式展开。一是在装备研制初期,根据维修性、保障性的要求,提出相关配套的维修保障装(设)备研发需求,并以合同的形式固定;二是在新装备投产时,同时生产配套的维修保障装(设)备。在新装备接装时,随装交付配套维修保障装(设)备。通过这种方式,可以节约因多次研发而产生的额外费用,并保证维修保障装(设)备在进行新装备维修时的针对性和实用性。

2. 技术含量在整合中求提升

(1)需要对现有维修保障装(设)备进行技术升级。一是加强技术改造。技术改造包括对装备维修保障装(设)备的机械改进和信息含量提升,如对工程修理车、配套修理工具等进行技术改造,使其在机动性能、防护性能、维修性能等方面得到进一步的提高,确保装备维修保障任务的顺利完成。军队可以同装备生产厂家或社会有实力的大型企业签订协议,进行通用维修保障装(设)备改造。这样不仅可以节省维修保障装(设)备的研制费用和时间,还可以通过对民用产品改装情况的研究,确立军用产品的发展重点。二是加强技术革新。加强维修设备、工具的技术革新,充分利用当前的新技术、新材料、新工艺,研制新型的维修设备、机工具,如适应部队野战机动维修保障的轻型修理箱组、便携式工况记录仪、电子交互手册等,力求实现故障检测排除设备"小型化、多功能化、智能化、系列化",扩大野战维修范围,提高维修效率。

(2)需要军地共同研发维修保障装(设)备。一是着眼未来作战需求,超前理论研究,重点研发发展潜力大、科技含量高的新型装备所需维修装(设)备,填补保障空白,提高维修保障装(设)备的整体保障水平;二是研制开发新型维修装(设)备,如先进的检测、维修设备,机动性能好、生存能力强、信息灵通的多功能野战修理工程车等,实现智能诊断、自动修复、精确保障;三是引进社会力量参与新型维修保障装(设)备的研制,使社会最新的科技成果能在维修保障装(设)备上得到及时应用。在军民合作研发的同时,能够加强军民双方在技术合作上的默契程度,便于军民一体化装备维修保障工作的开展。

6.2.3 军地装备维修器材整合

装备维修器材主要包括零部件、专用组件等备件。目前,民用企业正在成为武器装备科研生产的生力军,它们所从事的业务已经涵盖装备零部件科研生产的大部分领域。将军队维修器材需求与强大的社会生产能力相结合,能够保证维修器材的及时足量供给。

装备维修器材的整合,不仅包括对既有静态资源的整合,还要包括器材相关生产链、供应链等动态资源的整合。整合装备维修器材的渠道包括尽量采用军民通用维修器材、实施装备维修器材军民联储和形成维修器材生产领域的竞争机制等。一是采用军民通用维修器材,既可以节省财力和缩短维修保障时间,又可以提高装备维修器材的军民通用化与标准化水平。二是实施装备维修器材军民联储,根据维修器材的种类,进行生产厂家、战役、战术三级储备,生产厂家负责战略储备,主要储备技术和生产能力,以保证部队有需要时,能随时进行装备维修器材的生产、补充。同时,生产厂家还应利用其进行生产所必需的储备周转来承担装备维修器材的部分战略储备任务,这不仅能减轻军队装备维修器材战略储备的负担,也能提高储备的动态化水平。战役储备的各装备零配件,用于满足本方向或区域内部队维修器材的需要。战术级仓库主要储备易损、可换备件,战时随装备运行,以满足本级需要。三是建立良性竞争机制,在器材研发生产中要打破封闭和垄断,放宽市场准入,增加参与维修器材生产企业数量,提高竞争水平,培养合格生产企业,扩大选择范围。除了一部分需要保密的器材研发生产之外,大部分装备维修器材研制生产都可实行公开招标,绝大部分合同通过竞标签订。

6.3 军地装备维修保障资源系统整合

将军地装备维修保障资源系统整合划分为军地装备维修战略整合和军地装备维修网信整合两部分,旨在更加系统地对军地装备维修资源整合问题进行深层次、多角度的探讨。

6.3.1 军地装备维修战略整合

长期以来,军队装备维修体系一直呈现"小而全""大而全"的特点,自我封闭、自主发展,导致体系结构略显臃肿、运行程序较为繁琐、保障能力持续偏弱,与以效能为核心的装备维修管理需求不相适应,确立新的装备维修战略迫在眉睫。

1. 建立军民一体化装备维修体系

军民一体化装备维修体系的建立需要从以下几方面入手。一是制定方案,缜密研判。从战略层面,成立军地协同装备维修管理工作领导机构,与所辖军地相关部门机构共同制定体系建设方案,遵循"要素齐全、覆盖全面、科学权威"的原则展开,并对方案进行缜密研判、反复论证,确保方案执行科学可行。二是紧盯需求,统筹规划。以需求为牵引,以统合为手段,以增效为目的,将体系标准与任务需求有机结合,将军地双方维修保障人员、装备、信息等要素有机结合,将各专业、各军兵种、军地各部门有机结合,确保军地双方资源共享、资源运用集约高效。三是确立目标,平稳推进。严格划分阶段性目标和总体性目标完成标准与期限,按照时间节点逐项平稳展开,尽快构建一个凸显"规模适中、结构合理、精干灵活、集约高效"特质的"利益共同体"。

2. 理顺军地维修力量运用关系

军地维修力量在实施保障过程中相互之间的协调沟通直接影响管理效能发挥的优劣。军地双方需深刻厘清不同部门间、不同层次间、不同业务间、不同领域间的相互关系。通常包括隶属、指导、合作、支援等,对待不同的关系,沟通协调的方法手段则不同。如对于隶属和指导关系可以通过行政手段来处理,而对于合作、支援关系则可以运用经济手段来处理。在军民一体化装备维修保障中,作为军方,主要目的是提升装备维修保障能力和高效完成装备维修保障任务,更注重军事效能;而作为地方,其主要目的是确保自身的生存发展和规模扩张,更注重经济效益。因此,需要区分对待,在相互关系的处理上遵循"兼顾均衡、互利共赢、共同发展"的原则,确保装备维修保障高效、顺畅、快捷展开。

3. 优化军地装备维修战略布局

合理的战略布局是装备维修保障工作得以高效展开的重要因素之一。装备维修管理活动的实施,涉及军地多部门、多领域,如军地装备研发生产部门、军地器材仓库、军地装备修理机构等,业务涉及面广、专业种类繁多、人员分工复杂,对军地装备维修战略布局进行优化可以起到集中管理、资源集约、供应快捷的显著效果。而战略布局的优化需要把握以下几点。一是战略战役级仓库分散布局。以器材仓库为例,要打破传统模式,将战略战役级仓库(或国家级/省部级)划分为若干分库,分散布局在战术级单位周边,便于其实时请领。二是利于向外辐射保障布局。战略战役级分库或维修机构需依照下属若干基层单位驻地择优选址,便于向外辐射实施快捷供给和支援保障,且确保最大限度节约资源。三是后勤装备维修保障力量中央布局。各军兵种均配备有后勤装备,对于后勤装备维修保障力量应采取中央布局,避免重复建设、资源浪费,且便于集中管理、实时保障。

6.3.2 军地装备维修网信整合

习主席曾强调,要深刻理解军民融合中网信工作机理,认真把握其运行规律,为军民深度融合发展提供有力的信息技术保障。可以说,国家已将网信军民融合上升至战略高度统筹规划,军地装备维修网信整合迫在眉睫。整合军地装备维修网信资源,需要从以下三个方面入手。

1. 推广运用军地先进技术手段

着眼信息化建设要求,坚持信息主导、技术推动,加快推进新概念、新技术、新方法的嵌入及运用,为装备维修管理提供有力的技术支持。一是利用计算机网络技术,开发便携式装备管理终端,自动采集装备数据、记录使用情况,将数据通过军用网络定时上传,能够实现装备状态的全时可控;二是采用无人技术研制开发无人地面装备和无人机,能够在严酷和危险环境下执行任务,减少对有人装备的需求;三是使用建模和仿真技术,将装备、设备、工具、器材等虚拟数字化,开发虚拟维修系统,实现虚拟仿真训练,降低损耗,提高培训效益;四是运用3D打印技术,可快速制造零配件和其他物资,减少物资

第6章 军地装备维修保障资源整合

的调运,满足野战保障需求,极大提高保障效率;五是依托军事综合信息网和一体化指挥平台,构建上下联通的一体化办公平台,接入智能视频监控系统、远程技术支援系统,实现网上开展业务工作,处置突发情况、远程技术辅助、提供保障信息,有效提高工作效率;六是研制配发轻便的交互式电子手册,便于携运和资料查询、数据更新等,可快速提高维修保障能力;七是开发灵活、可满足多系统要求的测试测量和诊断设备,协助维修人员评估装备状况,预测系统故障,提供诊断建议,有效降低成本,提高维修的准确性。

2. 构建军地联合维修网络体系

当前,在装备维修管理信息化建设中,仍以条块分割、自成体系为主,各专业低层次分散组织、重复开发、整体效益不高的现象比较普遍,导致业务网络覆盖不全、部分信息系统互不兼容、业务数据尚未完全实现跨专业共享交换和综合利用,难以为装备维修保障管理科学决策提供实时有力支撑。构建军地联合维修网络体系迫在眉睫,应通过以下渠道入手展开。一是整合军地维修网络。要成立军地联合维修网络整治机构,将纳入军民一体化装备维修保障范畴内的各类维修网络,按照统一标准进行汇总、细化、分类、整合,避免重复建设、资源浪费,最大限度消除冗余。二是完善信息保密制度。军地双方按照相关保密要求规定,在军队既有信息保障制度基础上,结合军地双方装备维修保障实际情况,联合制定严格的信息保密制度,坚决杜绝失密窃密事件发生。三是构建新型网络体系。应针对一体化联合作战对装备维修保障时效性和准确性的要求,最大限度地利用互联网和军用通信网络,构建一套可满足"全域覆盖、军地共享、运转顺畅、集约高效"的综合性装备维修网络体系,确保装备维修信息能够在全军上下、军地之间、不同部门之间、不同专业之间实时高效运行、透明共享。

3. 完善军队装备业务信息系统

军民一体化装备维修保障体系的建立,遵循"军队主导、地方为辅"的原则展开,必须将军队装备业务信息系统的健全完善作为军地装备维修网信整合的主要任务,加之地方信息网络技术较为先进,如"云计算"无线传输、网络安全及"大数据"等技术的运用已渐成熟,而当前制约军地装备维修保障效能的关键瓶颈恰恰在于军队装备维修业务信息系统建设滞后、与地方维修信息系统兼容度不够。为此,必须要健全完善军队内部装备业务信息系统,确保军地装备维修信息化建设发展平衡。一是适应装备集中统管和按业务模块设置装备机关的新体制,整合构建与一体化平台技术体制相一致、涵盖各型装备,集计划管理、器材管理、设备管理、实力管理、经费管理、状态展现、效能评估、辅助决策、维修训练和基础数据等于一体的装备业务信息系统,为装备全系统全寿命管理提供技术支撑,为未来装备维修"大数据"管理奠定基础。加快维修管理信息系统建设与推广应用,在现有技术体制下,建设完善装备维修管理信息系统各模块,加快成熟系统推广试用,为实现维修保障工作"精准谋划、精准规划、精准部署、精准落实、精准检验"提供支撑。二是要按照要素齐全、流程覆盖、典型验证等思路,完成各个装备管理岗位的末端采集手段配套,组织总线装备运行参数记录仪、非总线装备参数感知模块加装,打通从单装平台、装备场所到业务机关的信息传输链路,加速推进维修管理网络化、数字化、标准化、集成化和业务流程再造,支撑装备数据实时采集和管理业务在线处理、依网运行、高效决策。首先,主动摸排现有网络情况,协调信息保障职能部门,将各级装备业务机关、装备库室场所点位、基层用装管装修装分队接入统一网络;其次,有条件的单位可以统筹考虑现有信息化基础条件和总体建设规划等因素,组织数字化装备场、库、间建设需求论证,按照统一技术体制在装备场、器材库、修保间等布设末端信息采集、控制、显示手段；再次，广泛发动装备领域业务机关、专业科研、执行操作等人员积极性，共同参与维修管理相关业务 APP 开发，不断丰富共性和个性业务 APP 服务类型和服务项目；最后，组织基层单位及时完成装备动用使用、保管保养、故障报修、修理作业等动态数据，以及历次故障、维修、部件更换等历史数据采集，建立常态化数据采集机制，全面丰富装备维修数据资源。

第 7 章　装备维修管理工作流程再造

军队作为一种特殊群体,并非仅以增强经济效益为目标,而要追求军事效能的最优释放。对于装备维修而言,需要从管理的角度出发,对各层级分系统进行重构,实现管理流程无冗余、易操作,以推动保障效能的提升。在装备维修经费、器材、信息等资源管理过程中,均有其固有的管理流程,但目前仍存在供应周期长、审批程序繁、涉及层级多等弊端,不利于以效能为核心的装备维修管理与保障的提升,有必要对装备维修管理流程再造问题进行探讨。

7.1　装备维修管理工作流程再造分析

装备维修管理工作流程再造,是装备维修管理方式创新的重要环节。研究装备维修管理工作流程再造的内涵、思路及目标,可为以效能为核心的装备维修各项管理工作流程科学制定提供参考依据,对装备维修管理方式创新将起到至关重要的作用。

7.1.1　装备维修管理工作流程再造内涵

借鉴企业业务流程改进中常用的 ESIA 法,对装备维修管理机构各层级、分系统工作流程进行重构。ESIA 法,主要是通过消除(Eliminate)、简化(Simply)、整合(Integrate)和自动化(Automate)四个步骤,来减少业务流程中非增值活动以及调整流程的核心增值活动。

第 7 章　装备维修管理工作流程再造

对于装备维修管理工作流程再造而言,其内涵可作如下表述:指遵循流程固有的逻辑性、变动性和可分解性等特性,通过"一简化、两整合、三消除"等步骤,其中"一简化"即简化必要工作,"两整合"即任务整合和机构整合,"三消除"即消除非增值活动、消除无用信息与消除重叠机构等,对装备维修管理工作流程进行重构,使之能够满足装备维修管理与保障效能得以最优释放需要的一系列工作环节或步骤的过程。

7.1.2　装备维修管理工作流程再造思路

装备维修管理是一项科学完整的系统工程,涉及组织管理、器材管理、经费管理、信息管理及人才管理等许多管理活动,其中组织管理又包括计划管理、技术管理、质量管理及设备配置管理等内容。关于装备维修管理工作流程再造研究,总体思路即"着眼革除弊端,突出再造重点,力求实现简政增能"。鉴于在新体制下装备维修管理中仍不同程度存在"管理职能交叉、审批时效偏低""缺乏自主协同、资源运用粗放"与"信息集成滞后、缺乏实时沟通"等因素制约管理流程高效运转这一问题考虑,加之由于篇幅限制,不能对各项管理流程逐一展开研究,故仅重点对其中存在问题较为突出的装备维修经费管理、器材管理和信息管理三种管理活动的工作流程再造问题展开阐述。

一是针对目前装备维修经费管理方式与快捷高效的管理需求不相适应这一问题,通过调整装备维修经费预算起止时间、调整装备维修经费预算审批权限和调整装备维修经费归口管理职能等途径,构建基于精细化的装备维修经费管理工作流程;二是针对目前装备维修器材管理中仍存在申请审批周期较长、供应节点间缺乏自主协同及缺乏供应验证核实依据等不足,通过合理删除冗余环节、加强军地自主协同和完善信息系统集成等手段,构建基于供应链的装备维修器材管理工作流程;三是针对目前装备维修信息管理中尚存在"各家造尺,标准不一""缺乏沟通,信息难以得到实时共享""重复建设,导致资源浪费"等弊端,围绕制定管理工作流程整合战略规划、建立维修信息管理工作流程模型和优化装备维修信息管理工作流程等步骤,构建基于开放式的装备维修信息管理工作流程。

7.1.3 装备维修管理工作流程再造的目标

对于以效能为核心的装备维修管理而言,装备维修管理工作流程再造的总体目标就是要紧紧围绕"专业化、精细化、科学化"展开,通过"消除冗余环节,简化工作程序,促进流程操作便捷高效,以适应外界环境变化""加强组织自主协同,克服条块分割,防止政出多门"和"打破纵向递进、垂直反馈信息管理模式,加强信息集成,推行精细化过程管理"等途径,实现管理工作流程零冗余、无差错、易操作,以推动装备维修保障效能的提升。概括来讲,装备维修经费管理流程再造,其目标就是实现装备维修经费管理环节无缝衔接、资源集约运用、运行快捷高效,确保装备维修经费投向精准、投量精确;装备维修器材管理流程再造,其目标就是实现军地装备维修器材管理自主协同、功能耦合、资源共享,确保装备维修器材保障效能的最优释放;装备维修信息管理流程再造,其目标就是实现军地双方装备维修信息运转透明开放、无缝衔接、实时快捷,为以效能为核心的装备维修管理提供坚强有力的技术支撑。

7.2 构建基于精细化的装备维修经费管理工作流程

装备维修经费管理好坏直接决定着装备维修经费保障效能的优

劣。精细管理的目的在于实现精确保障。针对装备维修经费管理中存在的如经费预算决算流于形式、项目经费预算审批程序过于繁杂、年度项目计划预算下达不及时与项目计划与预算捆绑安排不科学等问题,亟需按照"战建统筹、简政放权、统分结合"的总体思路,构建基于精细化的装备维修经费管理工作流程来提升装备维修经费供应能力。构建基于精细化的装备维修经费管理工作流程需要从以下几方面入手,力求做到经费管理流程简化便捷。

7.2.1 调整装备维修经费预算起止时间

通常,装备维修经费预算执行期与国家财政年度一致,制定预算时间过长,会严重影响基层工作正常开展。为避免造成基层忙乱、预算失真,可将经费预算时间进行适当调整。如启动时间提前至年初,结合年初各单位根据年度任务所制定的年度装备维修计划展开装备维修经费预算工作,截止时间可定于每年一季度。或者每年分两次进行,分别于一季度和三季度,但都压缩在一个月内。如此调整主要基于以下几点考虑:一是避免造成基层忙乱。将装备维修经费预算工作时间做适当提前与缩短,可为基层留出一定的空间进行适当调整,而不影响工作的正常开展。二是避免基层预算流于形式。从军队最高机关装备维修主管部门到基层,在年初都要严格依据年度装备维修任务展开装备维修经费预算,以确保预算工作的一致性与预算结果的真实性。三是避免装备维修经费决算失真。年终决算,严格以年初预算为依据,保证了决算数据的真实、精准、可靠,预算决算,环环相扣。

7.2.2 调整装备维修经费预算审批权限

针对装备维修经费预算审批周期长这一弊端,亟需通过下放审批权限,确保审批程序简化。需要把握以下几点:一是严格划分项目经费类别。按照相关要求和标准,将装备维修项目经费类别做一科学合理的区分,如可区分为普通项目经费和特殊项目经费,或正常项目经费和临时项目经费,或一般项目经费和重要项目经费等。二是合理划分项目经费审批权限。根据不同的项目经费,划分不同的审批权限,如对于特殊项目经费、临时性项目经费或重要项目经费,其审批权限可以高一级,其他项目经费审批权限可适当下放,确保基层装备维修工作正常开展。三是大幅压缩项目经费审批时间。本着集约高效展开工作的角度出发,必须将各级审批时间压缩,力求"精确快捷、实时高效",确保与以效能为核心的装备维修管理本质要求相适应。

7.2.3　调整装备维修经费归口管理职能

针对装备维修项目经费预算职能执行移位这一问题,确实有必要将项目计划与经费预算工作分别实施归口管理,即由装备维修计划管理部门负责项目计划,而项目经费预算决算转至装备财务管理部门负责。这主要基于三点考虑:一是遵循"责、权、利相统一"的原则,与部门职能划分要求相一致。即装备维修计划管理部门负责项目的方案拟制、计划编制、下达监督、考评验收等工作,而需求预测、预算编制、经费保障等工作则交由装备财务部门负责。二是利于上下工作顺畅对接,提高工作效能。从各级机关到军以下部队,从战略、战役级至战术级,各层级都设有财务管理部门(部、处、科等),体系完善、层次分明、运行顺畅,而装备维修管理作为装备管理的重要组成部分,将装备维修项目经费预算决算工作转至财务部门负责,更有利于层级间工作对接,利于工作效能的最佳释放。三是提升经费保障精准度。项目计划与经费预算工作分离,分由不同部门负责,有效地避免了职责交叉、预算决算流于形式,大幅提升了装备维修经费投向投量的精准度。基于精细化的装备维修经费管理工作流程示意图如图7.1所示。

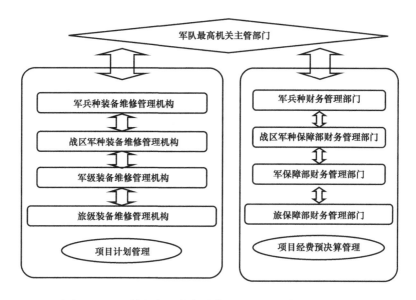

图7.1　基于精细化的装备维修经费管理工作流程示意图

图7.1显示,项目计划与项目经费预算决算实施归口管理,分由各层级部门装备维修计划管理机构和财务部门负责,凸显"环节无缝衔接、资源集约运用、运行快捷高效"等特点,确保装备维修经费投向精准、投量精确。

7.3　构建基于供应链的装备维修器材管理工作流程

供应链管理的实质在于通过降成本、除冗余追求效能最大化。对于以效能为核心的装备维修器材管理而言,需要针对申请审批周期较长、供应节点间缺乏自主协同和缺乏供应验证核实依据等问题,以信息系统为核心,对现有管理工作流程进行优化与再造,实现装备维修器材保障效能的最优释放。构建基于供应链的装备维修器材管理工作流程应综合考虑合理删除冗余环节、加强军地自主协同和完善信息系统集成等方面着手展开。

7.3.1 合理删除装备维修器材管理冗余环节

当前,在装备维修器材管理中,器材供应仍沿用"自下而上逐层审核申请、自上而下逐级审批下达"的模式进行,各个周期均要在战术、战役、战略层之间形成一个闭合回路,而真正用于实质性供给的时间很少,大多时间花费在申请上报、研究决定、审批下达等环节上,致使装备维修器材供应时效性不强。亟需通过合理删除装备维修器材管理中的冗余环节,提升装备维修器材供应时效。一是减少人工作业环节。尤其在上报申请、审批下达、器材拨付、实施运输、供应接转及器材请领等各个环节中,所有信息的上传下达均要将人工作业量降至最低,实现"网络化""无纸化"。二是下放审批权限。如前所述,对战略战役级仓库实施分散布局,便于基层部队实时请领。审批权限即可下放至各级分库,使审批时间大幅缩减,提高装备维修器材管理时效。三是压缩运输时间。建议战略、战役级分库依照下属若干基层单位驻地择优选址,便于向外辐射实施快捷供给和支援保障,并采取承制单位或供应商集中配送方式展开,如此便可大大压缩器材运输时间,确保最大限度节约资源。

7.3.2 加强装备维修器材管理军地自主协同

通常,装备维修器材供应涵盖需求预测、上报申请、审批下达、器材购置、运输仓储、器材交接等多个环节,涉及军地多个部门,而各部门运行却相对独立,供应商与仓库间、仓库与仓库间、部队修理机构与供应商间缺乏必要的沟通协调,其间协调沟通仅仅依赖各级管理协调部门,导致装备维修器材供应时效低下。为此,需要从以下三点入手加强军地自主协同,提高装备维修器材保障效能。一是提高协调能力。当前,管理效能偏低的重要瓶颈之一就是沟通协调组织发挥作用不够明显,"等、靠、拖"等惰性思想依然存在。为此,需要各级协调机构充分发挥职能作用,由"被动沟通"向"主动协调"转变,确保维修保障实施的时效性。二是完善法规制度。健全既有法规制度,增加关于军地之间、军队内部加强自主协同方面的相关条款,通过刚性约束增强军地双方共同参与装备维修保障自主协同意识。三是实现资源共享。军地之间、军兵种之间、部门之间,通过装备维修资源信息数据库可实时了解彼此装备维修器材仓储库存、资源数质量、器材耗损等情况,以便就近取材。

7.3.3 完善装备维修器材管理信息系统集成

目前,在装备维修器材装备管理中仍存在器材供大于求、积压缺货并存、信息流通不畅等问题,归根结底,是信息技术运用滞后于现实需求所导致。为此,亟需完善既有信息系统,为装备维修器材管理提供有力的技术支撑。需要从以下几个方面展开:一是构建军地一体化物联网。要充分利用军民一体化装备维修保障有利契机,积极借鉴地方物流中的先进技术成果,抓紧研发适合实际需求的军地一体化物联网,使线上线下同步展开、军地资源同步运转。二是完善装备维修器材信息数据库。本着"要素齐全、方便适用"的原则,完善既有信息数据库,其中包括器材数量质量、品种型号、总体布局、运输线路优化等要素,为装备维修器材供应提供决策依据。三是拓展计算机辅助决策功能。为避免出现器材库存积压、器材消耗预计数据失真、运力调度效能偏低等现象,亟需开发运用计算机辅助决策软件,对所构建的相关数学模型进行数据分析,为管理决策提供科学依据,提升装备维修器材投向投量的精准度。基于供应链的装备维修器材管理工作流程如图 7.2 所示。

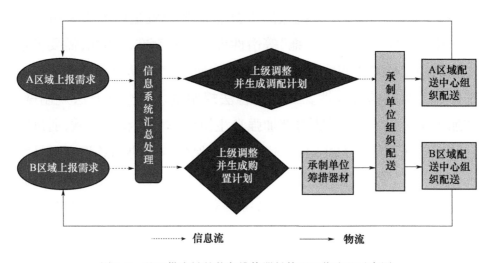

图 7.2　基于供应链的装备维修器材管理工作流程示意图

图 7.2 中显示,在基层各单位维修单元集中(按建制或区域划分)逐级上报需求申请、上级装备维修管理部门调整并生成调配和购置计划、通知承制单位或供应商筹措器材及组织配送等过程中,全程均运用信息系统(军地一体化物联网)生成并下达,而在整个供给环节均采取主动配送、送货上门的方式展开,实现工作流程"零冗余",确保装备维修器材保障实时快捷、集约高效。

7.4　构建基于开放式的装备维修信息管理工作流程

开放式装备维修信息管理,其实质就是"透明开放、无缝衔接、资源共享"。针对目前装备维修信息管理中出现的系统不兼容、标准高低不一、资源难以共享等问题,亟需通过构建基于开放式的装备维修信息管理流程,为装备维修保障提供持续高效的技术支撑。构建基于开放式的装备维修信息管理工作流程主要围绕制定管理工作流程整合战略规划、构建装备维修信息管理工作流程模型和持续优化装备维修信息管理工作流程的步骤展开。

7.4.1 制定装备维修信息管理工作流程整合战略规划

随着军队信息化建设的步伐不断加快,信息资源在军队各个领域的地位日益增强,已被列为军队战斗力三大构成要素(人、武器、信息)之一。依靠现代信息技术手段,充分利用信息资源,增强部队战斗力显得尤为重要。就装备维修信息资源管理而言,如何按照以效能为核心的要求展开,以确保信息资源运转顺畅、反馈实时、辅助决策高效便捷等是摆在我们面前的又一重大课题。首当其冲的应该是从顶层设计抓起,制定装备维修信息管理工作流程整合战略规划。需要从以下几个方面展开:一是明确任务分工。装备维修信息资源涵盖军地多要素、多领域、多部门,将军民一体化装备维修保障涉及的各种资源要素纳入一个系统之中进行全盘规划,对军地双方装备维修信息管理工作流程进行重塑可谓工程浩繁、点多面广,这就需要树立"一盘棋"思想,明确具体任务分工,其中包括机构设置、职能权限及相互关系等内容,确保下步整合工作陆续高效展开。二是明确整合目标。包括阶段性与总体目标、时间节点划分及具体整合标准等要素,确保目标设定合理可行、节点设定无缝衔接、标准设定切合实际。三是明确整合重点。坚持问题导向,从实际出发,明确装备维修信息管理工作流程整合工作重点,主要包括系统布局改造、基础设施配套、军地网信对接等内容。

7.4.2 构建装备维修信息管理工作流程模型

构建工作流程模型是装备维修信息管理中一项重要的基础性工作,主要运用科学的分析方法对装备维修管理中涉及的各类信息实体属性或相互之间逻辑关系进行虚拟描述和表达。装备维修信息管理工作流程模型构建需要从以下三个方面展开:一是选择具有代表性的信息实体。装备维修信息管理中涉及的信息要素、信息单元及信息系统等信息实体不计其数,需要从浩瀚复杂的信息系统中甄别、遴选出具有代表性的部分信息实体作为建模参照数据,确保装备维修信息管理工作流程模型构建的严谨性和可靠性。二是运用科学的分析方法。可采用相关数学方法或图示法进行虚拟描述和分析表达,通常包括关键路径法(CPM)、计划评审技术(PERT)、数据流图(DFD)、实体联系图(ERD)和Petri网等,通过诸类方法可对工作流程关键路径进行选择,对系统内部各类数据的逻辑流向和变换等动态信息,包括对流程中人力、物力、时间、资金等资源要素的安排调整情况进行表达,以更直观地虚拟体现信息实体的活动变化。三是确定最佳模型。以追求保障效能最大化为标准,确定装备维修信息管理工作流程模型,为装备维修性信息管理工作流程再造提供参考依据。

7.4.3 持续优化装备维修信息管理工作流程

遵循"开放透明、运转快捷、集约高效"的原则,参照所建模型,对既有装备维修信息管理工作流程展开持续优化。一是除断点,即将严重制约装备维修信息管理工作效能提升的瓶颈消除掉,确保装备维修信息管理工作高效、顺畅展开;二是删冗余,即将装备维修信息管理工作中的多余环节、节点、路径等删除掉,避免造成资源浪费;三是补短板,即结合模型构建,通过对既有流程展开全面分析,找准短板弱项,及时进行升级改进。总之,需要树立大系统思维、大数据理念,依据装备维修信息管理工作流程优化的结果,通过除断点、删冗余、补短板,对基于开放式的装备维修信息管理工作流程进行构建,促进涉及军民一体化装备维修保障中的军地各部门、各领域、各要素之间信息达到开放透明、资源得到实时共享,确保装备维修保障与管理效能的最优释放。基于开放式的装备维修信息管理工作流程示意图如图7.3所示。

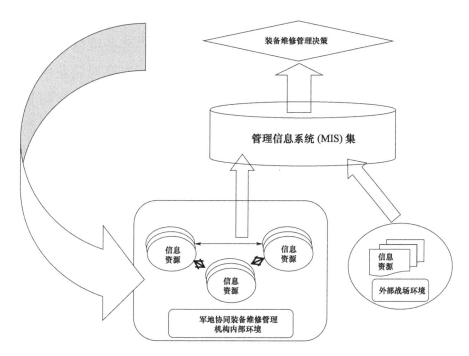

图7.3 基于开放式的装备维修信息管理工作流程示意图

图7.3中显示,在军民一体化装备维修管理系统中各领域、各部门、各要素之间,一切信息资源得到实时共享,信息运转凸显"透明开放、无缝衔接、实时快捷"等特点,为以效能为核心的装备维修管理提供坚强有力的技术支撑。

第8章 装备维修保障效能评估

评估是科学决策的前提,是科学决策中的一项基础性工作。运用现代管理理论和先进技术对军事管理问题进行评估,已成为实现军事管理决策科学化的有效方法,并成为提升军事效能的重要途径。以效能为核心的装备维修管理的最终目标是实现装备维修保障效能的最优释放,即最终是要落在装备维修保障上,所以要对装备维修保障效能进行评估。鉴于评估中数据较为缺乏、有新技术参与和非技术因素起主要作用等因素考虑,采取德尔菲(Delphi)法对装备维修保障效能展开评估,将在确立评估指标体系、讨论生成调查问卷和确定评估调查对象等环节力求创新,以确保评估效果的真实有效、科学权威。从某种意义上讲,也是对按第4~第6章研究内容进行管理实践所能释放保障效能的综合评估。

8.1 建立装备维修保障效能评估指标体系

确立科学合理的指标体系,是进行效能评估的关键性基础工作,体系构建合理与否将直接影响评估结果的真实性。

8.1.1 界定装备维修保障效能范畴

装备维修保障效能是装备维修保障能力、效率、效益、质量的综合体现,与装备维修保障能力的区别在于:一是动静之别,装备维修保障能力体现的是"潜力"的瞬间固化,属于静态概念,而装备维修保障效能注重的却是"潜力"过程转化后所产生的影响程度,属于动态概念;二是从属关系,由装备维修保障效能概念可以看出,装备维修保障效能包含装备维修保障能力。装备维修保障效能与能力关系如图 8.1 所示。

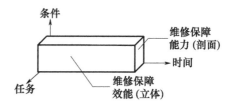

图 8.1 装备维修保障效能与能力关系示意图

通常,从广义上讲,效能的影响因素主要包括内在要素和外部要素等,而狭义上仅考虑内在要素。对于装备维修保障效能而言,装备维修保障组织指挥、抢救抢修、物资供应、自我防护等均属内在要素范畴,外在要素一般包括自然环境、保障任务和突发情况等。依照效能在狭义上的涵义,并严格遵循"要素涵盖全面、指标分解合理、相互不可替代"等要求,将装备维修保障效能的构成界定为四要素,即指挥控制效能、装备抢救效能、装备抢修效能和辅助保障效能。

8.1.2 划分装备维修保障效能评估指标层级要求

评估指标层级划分是评估指标体系构建的关键,需要把握好以下几点:一是要素涵盖全面,即层级通常划分为三个层级,即一级指标、二级指标、三级指标。这三个层级的指标在总目标下形成了一个个分层级、分系列的指标体系,所有指标构成一个有机整体,涵盖效能评估中涉及的各种要素。二是指标分解合理。指标在分解中,既要考虑其描述具体化,也要考虑其操作简便化;既要考虑其全面性,也要考虑其客观性。否则,易导致指标分解复杂烦琐,或过于笼统。三是相互不可替代。在纵向上,指标彼此之间相互联结,上一级目标(指标)包含下一级全部指标,下一级全部指标的内涵等同于上一级目标(指标);在横向上,指标彼此之间相互沟通,各同级指标均具有不可替代性,既各自独立,又相互联系,相互制约。

8.1.3　确立装备维修保障效能评估指标

以效能为核心的装备维修管理的最终目的是确保装备维修保障效能的最优释放。如第4～第6章所述,建立"扁平化"装备维修管理组织机构,旨在确保装备保障指挥机构精干、决策实时和组织高效;展开"模块化"装备维修力量编组,旨在确保装备保障力量配置科学、运用快速、损耗降低;构建基于"精细化"装备维修经费管理流程,旨在确保装备维修经费运用集约、供应实时、释能精确;构建"供应链式"装备维修器材管理流程,旨在确保装备维修器材储备合理、筹措实时和供应高效;构建"开放式"装备维修信息管理流程,旨在确保装备维修信息开放透明、流通顺畅、保障精准等。以效能为核心的装备维修管理与保障形成相互对应的逻辑关系,如图8.2所示。

在系统厘清以效能为核心的装备维修管理与保障逻辑关系的基础上,严格遵循"涵盖全面、系统客观、分解合理"等原则,采取"三级制"划分方式对装备维修保障效能评估指标进行了确立,共设50个评估指标,其中一、二、三级指标分别为4个、15个和31个。从业务区分或专业划分的角度将一级指标划分为四大要素,即指挥控制效能、装备抢救效能、装备抢修效能和辅助保障效能。

1. 指挥控制效能

指挥控制效能由自主协同效能、装备损坏评估效能、装备维修决策效能、装备维修方案制定效能和装备保障力量编组效能五个二级指标构成。其中,自主协同效能下设指挥层级自主协同感知度和维修力量自主协同感知度两个三级指标;装备损坏评估效能下设装备损坏评估平均时间和装备损坏评估精准度两个三级指标;装备维修决策效能下设装备维修决策平均时间和装备维修决策可靠性两个三级指标;装备维修方案制定效能下设装备维修方案平均制定时间和装备维修方案最优度两个三级指标;装备保障力量编组效能下设装备抢救力量编组合理性和装备抢修力量编组合理性两个三级指标。

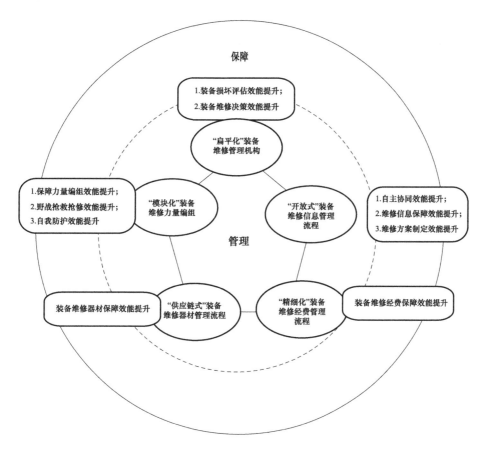

图8.2　以效能为核心的装备维修管理与保障逻辑关系示意图

2. 装备抢救效能

装备抢救效能下设三个二级指标,分别为装备抢救质量、抢救时间和抢救消耗。其中装备抢救质量下设装备抢救率和装备抢救任务饱和度两个三级指标;装备抢救时间下设一个三级指标,即装备抢救平均时间;装备抢救消耗下设零部件消耗量和施救装备耗损率两个三级指标。

3. 装备抢修效能

装备抢修效能下设三个二级指标,分别为装备抢修质量、抢修时间和抢修消耗。其中装备抢修质量下设装备抢修率和装备抢修任务饱和度两个三级指标;装备抢修时间下设一个三级指标,即装备抢修平均时间;装备抢修消耗下设零部件消耗量和施修装备耗损率两个三级指标。

4. 辅助保障效能

辅助保障效能是指为使以上三种效能得到最优释放而投入的军民一体化维修器材、维修经费保障和维修信息等保障及自我防护等力量所发挥能力的实际效果。没有辅助保障效能的充分发挥,其他三种效能无法得到最优释放。辅助保障效能下设维修器材、维修经费、信息保障效能及自我防护效能四个二级指标。其中装备维修器材保障效能下设维修器材储备规模、维修器材筹措精准度和维修器材供应时效三个三级指标;装备维修经费保障效能下设维修经费预算精准度和维修经费决算精准度两个三级指标;装备维修信息保障效能下设维修信息获取精准度、维修信息反馈平均时间和维修信息处理精准度三个三级指标;自我防护效能下设突发情况处置精准度、人员伤亡率和装备损耗率三个三级指标。

装备维修保障效能评估指标体系的建立,涉及军地联合指挥的协调性、军地力量编组的合理性,蕴含军地资源保障的融合度、军地资源配置的精准度,尤其是将维修器材保障、维修经费保障、维修信息保障及自我防护等纳入体系研究范畴。图8.3为装备维修保障效能评估指标体系框架示意图。

第8章 装备维修保障效能评估

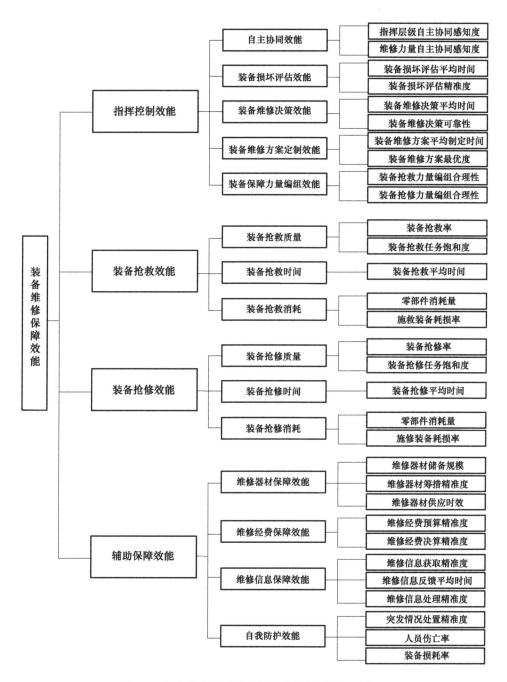

图8.3 装备维修保障效能评估指标体系框架示意图

8.2 构建装备维修保障效能评估模型

采用指标加权和模型计算的方法对专家调查所得的各种数据进行聚合评估。装备维修保障效能的计算公式如下:

$$E = \sum_{i=1}^{4} \omega_i E_i \tag{8.1}$$

式中:E 为装备维修保障总效能;E_i 为装备维修保障效能评估一级指标值;ω_i 为装备维修保障效能评估一级指标权重值,$0 < \omega < 1$ 且 $\sum \omega = 1$($i = 1,2,3,4$ 时分别对应指挥控制效能、装备抢救效能、装备抢修效能和辅助保障效能)。

装备维修保障效能评估各一级指标值的计算公式如下:

$$E_i = \sum_{j=1}^{N_i} \omega_{ij} E_{ij} \tag{8.2}$$

式中:E_i 为装备维修保障效能评估一级指标值;E_{ij} 为装备维修保障效能评估二级指标值;ω_{ij} 为装备维修保障效能评估二级指标权重值;N_i 为各一级指标所对应的二级指标数,取值如下:

$$N_i = \begin{cases} 5, i = 1 \\ 3, i = 2 \\ 3, i = 3 \\ 4, i = 4 \end{cases} \tag{8.3}$$

装备维修保障效能评估各二级指标值的计算公式如下:

$$E_{ij} = \sum_{k=1}^{M_j} \omega_{ijk} E_{ijk} \tag{8.4}$$

式中:E_{ij} 为装备维修保障效能评估各二级指标值;E_{ijk} 为装备维修保障效能评估各三级指标值;ω_{ijk} 装备维修保障效能评估三级指标权重值;

M_j 为各二级指标所对应的三级指标数,取值如下:

$$M_j = \begin{cases} 2, i=1, j=1 \\ 2, i=1, j=2 \\ 2, i=1, j=3 \\ 2, i=1, j=4 \\ 2, i=1, j=5 \\ 2, i=2, j=1 \\ 1, i=2, j=2 \\ 2, i=2, j=3 \\ 2, i=3, j=1 \\ 1, i=3, j=2 \\ 2, i=3, j=3 \\ 3, i=4, j=1 \\ 2, i=4, j=2 \\ 3, i=4, j=3 \\ 3, i=4, j=4 \end{cases} \quad (8.5)$$

8.3 确定装备维修保障效能评估指标权重和底层指标得分

结合通过调研获取的装备维修保障情况和相关数据分析,采用专家调查法来确定装备维修保障效能评估指标权重和底层指标得分,即在组成专家小组进行讨论的基础上形成调查问卷,再以调查问卷的形式对涉及的军地装备维修管理机构和部队装备使用相关人员进行个人反复调查,待调查结果趋于稳定后,专家小组再就调查结果进行分析,并根据评估模型就装备维修保障效能进行评估。其中关键环节就是确定装备维修保障效能评估指标权重和底层指标得分，直接影响到评估结果的真实性和可靠性。下面以假定示例过程和数据予以说明。

8.3.1 组建专家小组

专家小组由 7~9 人组成，体现"军民联合、优势互补、评估权威"等特点，能够最大限度地发挥各位专家特长，以确保调查问卷讨论生成、评估指标权重确定的科学严谨和效能评估结果的真实可行。假定小组成员分别为工业和信息化部涉及军民融合装备保障领域的资深专家，装备保障指挥专业、装备管理专业和军事运筹学专业教授，装备承研/承制单位工程师，基层单位保障部部长、装备维修保障专业工程师。

8.3.2 讨论生成调查问卷

经专家小组讨论决定，以装备维修保障效能评估指标体系为评估依据，制定三份调查问卷，其中：第一份是装备维修保障效能评估指标权重调查问卷；第二份是现装备维修保障效能评估调查问卷；第三份是按研究改进后的装备维修保障效能评估调查问卷。根据制定的各级指标相关内容，对此次调查问卷采取五点式李克特量表填答方式进行设计。

8.3.3 展开问卷调查

对表 8.1 中的指标权重 ω 设置，由专家根据各分指标在各级指标体系中发挥的重要程度赋予每个选项以相应的量化分值，$0 < \omega < 1$ 且 $\sum \omega = 1$。

对于表 8.2、表 8.3 中每个底层指标均设置五个选项,以满足装备保障任务需求的程度来衡量,以"非常好、比较好、一般、比较差、非常差"五个等级进行描述。五个等级分别对应"85~100 分、70~85(不含)分、55~70(不含)分、30~55(不含)分、30 分以下"五个分数区段,由调查对象根据自己的经验进行判断并赋予每个选项以相应的量化分值。选取了院校相关专业专家教授(10 名)、地方装备承研承制单位工程师(10 名)、某用装单位装备维修保障专业领域的基层干部和士官(80 名)等作为专家问卷调查对象。

当问卷调查进行到三轮时,参与调查的专家的调查结果(所打分值)已基本趋于稳定,问卷调查即止于第三轮,将该轮调查的结果作为正式的调查数据备用。

8.3.4 统计分析调查结果

经过统计分析后所确定的问卷调查所得各指标的权重最终数据和底层指标的最终得分数据见表 8.1~表 8.3。

表 8.1 统计处理后所得各指标的权重(假定示例数据)

项目类型	一级指标	权重	二级指标	权重	三级指标	权重
总效能 E	指挥控制效能 E_1	0.30	自主协同效能	0.25	指挥层级自主协同感知度	0.65
					维修力量自主协同感知度	0.35
			装备损坏评估效能	0.20	装备损坏评估平均时间	0.40
					装备损坏评估精准度	0.60
			装备维修决策效能	0.20	装备维修决策平均时间	0.35
					装备维修决策可靠性	0.65
			装备维修方案制定效能	0.15	装备维修方案平均制定时间	0.30
					装备维修方案最优度	0.70
			装备保障力量编组效能	0.20	装备抢救力量编组合理性	0.50
					装备抢修力量编组合理性	0.50

续表

项目类型	一级指标	权重	二级指标	权重	三级指标	权重
总效能 E	装备抢救效能 E_2	0.25	装备抢救质量	0.40	装备抢救率	0.35
					装备抢救任务饱和度	0.65
			装备抢救时间	0.35	装备抢救平均时间	1.00
			装备抢救消耗	0.25	零部件消耗量	0.25
					施救装备耗损率	0.75
	装备抢修效能 E_3	0.25	装备抢修质量	0.40	装备抢修率	0.35
					装备抢修任务饱和度	0.65
			装备抢修时间	0.35	装备抢修平均时间	1.00
			装备抢修消耗	0.25	零部件消耗量	0.25
					施修装备耗损率	0.75
	辅助保障效能 E_4	0.20	维修器材保障效能	0.30	维修器材储备规模	0.20
					维修器材筹措精准度	0.40
					维修器材供应时效	0.40
			维修经费保障效能	0.20	维修经费预算精准度	0.50
					维修经费决算精准度	0.50
			维修信息保障效能	0.30	维修信息获取精准度	0.30
					维修信息反馈时间	0.35
					维修信息处理精准度	0.35
			自我防护效能	0.20	突发情况处置精准度	0.30
					人员伤亡率	0.45
					武器损耗率	0.25

注：对指标权重 ω 设置，由专家根据各分指标在各级指标体系中发挥的重要程度赋予每个选项以相应的量化分值，$0<\omega<1$ 且 $\sum\omega=1$。

表8.2 现装备维修保障效能评估底层指标得分值(假定示例数据)

项目类型	一级指标	二级指标	三级指标	完成任务的程度
总效能 E	指挥控制效能 E_1	自主协同效能	指挥层级自主协同感知度	75
			维修力量自主协同感知度	80
		装备损坏评估效能	装备损坏评估平均时间	75
			装备损坏评估精准度	70
		装备维修决策效能	装备维修决策平均时间	80
			装备维修决策可靠性	80
		装备维修方案制定效能	装备维修方案平均制定时间	85
			装备维修方案最优度	75
		装备保障力量编组效能	装备抢救力量编组合理性	80
			装备抢修力量合理性编组	80
	装备抢救效能 E_2	装备抢救质量	装备抢救率	80
			装备抢救任务饱和度	65
		装备抢救时间	装备抢救平均时间	65
		装备抢救消耗	零部件消耗量	60
			施救装备耗损率	60
	装备抢修效能 E_3	装备抢修质量	装备抢修率	75
			装备抢修任务饱和度	65
		装备抢修时间	装备抢修平均时间	55
		装备抢修消耗	零部件消耗量	60
			施修装备耗损率	60
	辅助保障效能 E_4	维修器材保障效能	维修器材储备规模	85
			维修器材筹措精准度	60
			维修器材供应时效	60
		维修经费保障效能	维修经费预算精准度	65
			维修经费决算精准度	60
		维修信息保障效能	维修信息获取精准度	55
			维修信息反馈时间	60
			维修信息处理精准度	60
		自我防护效能	突发情况处置精准度	75
			人员伤亡率	40
			武器损耗率	45

注:每个底层指标均设置五个选项,以满足装备保障任务需求的程度来衡量,以"非常好、比较好、一般、比较差、非常差"5个等级进行描述。五个等级分别对应"85~100分、70~85(不含)分、55~70(不含)分、30~55(不含)分、30分以下"五个分数区段,由调查对象根据自己的经验进行判断并赋予每个选项以相应的量化分值。

表 8.3 改进后装备维修保障效能评估底层指标得分值(假定示例数据)

项目类型	一级指标	二级指标	三级指标	完成任务的程度
总效能 E	指挥控制效能 E_1	自主协同效能	指挥层级自主协同感知度	90
			维修力量自主协同感知度	85
		装备损坏评估效能	装备损坏评估平均时间	90
			装备损坏评估精准度	85
		装备维修决策效能	装备维修决策平均时间	90
			装备维修决策可靠性	90
		装备维修方案制定效能	装备维修方案平均制定时间	85
			装备维修方案最优度	90
		装备保障力量编组效能	装备抢救力量编组合理性	90
			装备抢修力量编组合理性	90
	装备抢救效能 E_2	装备抢救质量	装备抢救率	95
			装备抢救任务饱和度	90
		装备抢救时间	装备抢救平均时间	85
		装备抢救消耗	零部件消耗量	90
			施救装备耗损率	95
	装备抢修效能 E_3	装备抢修质量	装备抢修率	90
			装备抢修任务饱和度	90
		装备抢修时间	装备抢修平均时间	85
		装备抢修消耗	零部件消耗量	90
			施修装备耗损率	95
	辅助保障效能 E_4	维修器材保障效能	维修器材储备规模	90
			维修器材筹措精准度	85
			维修器材供应时效	85
		维修经费保障效能	维修经费预算精准度	90
			维修经费决算精准度	85
		维修信息保障效能	维修信息获取精准度	90
			维修信息反馈时间	90
			维修信息处理精准度	85
		自我防护效能	突发情况处置精准度	90
			人员伤亡率	95
			武器损耗率	95

注:每个底层指标均设置五个选项,以满足装备保障任务需求的程度来衡量,以"非常好、比较好、一般、比较差、非常差"五个等级进行描述,五个等级分别对应"85~100分、70~85(不含)分、55~70(不含)分、30~55(不含)分、30分以下"五个分数区段,由调查对象根据自己的经验进行判断并赋予每个选项以相应的量化分值。

8.4 获取装备维修保障效能评估结论

专家调查法的一项主要工作是问卷调查后的数据分析和处理,通常用统计学中的平均指标和变异指标对调查结果进行分析。

8.4.1 确定克朗巴赫系数值

平均指标也称集中趋势指标,它的含义是指同类现象在一定时间、地点和条件下所达到的一般水平。最常用的平均指标是算术平均数,多位专家对某项指标所赋数值的算术平均值即可用作该项指标的最终数值,用于下一步的效能模型计算中。变异指标也称为离散程度指标,它描述的是总体各单位标志值之间的差异程度,通过变异指标可以更准确反映出各项保障活动的稳定程度,是检验各项指标代表性大小的标志之一。算术平均数和方差的计算见式(8.6)、式(8.7)。

算数平均数 $\bar{X}$ 是由底层样本标志值 X_i 的总和与量表中底层项数 k 之比所得。其计算公式为

$$\bar{X} = \frac{\sum_{i=1}^{k} X_i}{k} \qquad (8.6)$$

方差即各底层样本标志值与算数平均数离差平方的平均数,是一种常用的离散程度指标,用以表征数据的变异程度,其计算公式为

$$\sigma_X^2 = \frac{\sum_{i=1}^{k}(X_i - \bar{X})^2}{k} \qquad (8.7)$$

为确保调查问卷所得结果真实可靠,需要利用克朗巴赫系数对其进行信度检验:

$$\alpha = \frac{k}{k-1}\left(1 - \frac{\sigma^2 X_i}{\sigma_X^2}\right) \qquad (8.8)$$

式中:k 表示问卷中底层指标的总数;$\sigma_{X_i}^2$ 为每个底层指标分数的方差;σ_X^2 为总得分的方差;克朗巴赫系数是目前最常用的信度系数。根据大多数学者的观点,一份信度系数好的问卷,其 α 系数应该达到 0.7。

通过统计分析可知:

(1)装备维修保障效能评估指标权重调查问卷:算术平均数 $\overline{X} \approx 0.484$,总得分(1)方差 $\sigma_X^2 \approx 0.131$,每个底层指标分数的方差 $\sigma_{X_i}^2 \approx 0.043$,则计算所得的 α 系数为 0.7。

(2)现装备的装备维修保障效能评估调查问卷:算术平均数 $\overline{X} \approx 67.419$,总得分(100)方差 $\sigma_X^2 \approx 1061.456$,每个底层指标分数的方差 $\sigma_{X_i}^2 \approx 128.839$,则计算所得的 α 系数为 0.908。

(3)按建议改进的装备维修保障效能评估调查问卷:算术平均数 $\overline{X} \approx 89.355$,总得分(100)方差 $\sigma_X^2 \approx 113.316$,每个底层指标分数的方差 $\sigma_{X_i}^2 \approx 10.608$,则计算所得的 α 系数为 0.937。

可见,所有问卷的克朗巴赫系数值均达到或大于 0.7,数据内部一致性较好。表明本课题的问卷调查结果是可靠和有效的,各指标调查值的算术平均数可以作为基础数据输入效能评估模型进行结果计算。

8.4.2 计算评估结果

对装备维修保障效能评估的结论,应当与评估指标体系中底层指标设置的等级选项相对应,即如果评估计算结果处于 85 分以上,则装备维修保障效能评估结论为"非常好",说明该研究结果能够很好地满足装备维修保障需求;如果评估计算结果在 70~85(不含)分之间,则装备维修保障效能评估结论为"比较好",说明该研究结果能够比较好地满足装备维修保障需求;如果评估计算结果在 55~70(不含)分之间,则装备维修保障效能评估结论为"一般",说明该研究结果基本能够满足装备维修保障需求;如果评估计算结果在 30~55(不含)分之间,则装备维修保障效能评估结论为"比较差",说明该研究结果不能够满足装备维修保障需求;如果评估计算结果在 30 分以下,则装备维修保障效能评估结论为"非常差",说明该研究结果完全不能够满足装备维修保障需求。

1. 现装备维修保障效能

现装备维修保障效能评估计算过程见表 8.4。

表 8.4 现装备维修保障效能评估计算过程(假定示例数据)

项目 类型	一级指标		二级指标		三级指标	
	E_i	ω_i	E_{ij}	ω_{ij}	E_{ijk}	ω_{ijk}
总效能 E (67.0225)	77.225	0.30	76.75	0.25	75	0.65
					80	0.35
			72	0.20	75	0.40
					70	0.60
			80	0.20	80	0.35
					80	0.65
			78	0.15	85	0.30
					75	0.70
			80	0.20	80	0.50
					80	0.50

续表

项目类型	一级指标 E_i	ω_i	二级指标 E_{ij}	ω_{ij}	三级指标 E_{ijk}	ω_{ijk}
总效能 E (67.0225)	65.85	0.25	70.25	0.40	80	0.35
					65	0.65
			65	0.35	65	1.00
			60	0.25	60	0.25
					60	0.75
	61.65	0.25	68.5	0.40	75	0.35
					65	0.65
			55	0.35	55	1.00
			60	0.25	60	0.25
					60	0.75
	59.9	0.20	65	0.30	85	0.20
					60	0.40
					60	0.40
			62.5	0.20	65	0.50
					60	0.50
			58.5	0.30	55	0.30
					60	0.35
					60	0.35
			51.75	0.20	75	0.30
					40	0.45
					45	0.25

2. 按研究改进后装备维修保障效能

按研究改进后装备维修保障效能评估计算过程见表8.5。

第8章 装备维修保障效能评估

表8.5 按研究改进后装备维修保障效能评估计算过程
（假定示例数据）

项目类型	一级指标		二级指标		三级指标	
	E_i	ω_i	E_{ij}	ω_{ij}	E_{ijk}	ω_{ijk}
总效能 E (89.085)	88.7375	0.30	88.25	0.25	90	0.65
					85	0.35
			87	0.20	90	0.40
					85	0.60
			90	0.20	90	0.35
					90	0.65
			88.5	0.15	85	0.30
					90	0.70
			90	0.20	90	0.50
					90	0.50
	89.8875	0.25	91.75	0.40	95	0.35
					90	0.65
			85	0.35	85	1.00
			93.75	0.25	90	0.25
					95	0.75
	89.1875	0.25	90	0.40	90	0.35
					90	0.65
			85	0.35	85	1.00
			93.75	0.25	90	0.25
					95	0.75
	88.475	0.20	86	0.30	90	0.20
					85	0.40
					85	0.40
			87.5	0.20	90	0.50
					85	0.50
			88.25	0.30	90	0.30
					90	0.35
					85	0.35
			93.5	0.20	90	0.30
					95	0.45
					95	0.25

通过建立数学模型进行计算,得出装备维修保障效能结论如下:现装备维修保障效能 $E_{现实系统}=67.0225(分)$,说明基本可以满足装备维修保障需求;按研究改进后,装备维修保障效能 $E_{改进系统}=89.085(分)$,说明完全可以满足装备维修保障需求。

第9章 加强以效能为核心的装备维修管理应把握的几个问题

"专业化、精细化、科学化"分别是对体系架构与队伍建设、管理流程与管理标准、体制机制与管理理念等层面所要实现的管理目标的总体概括。前面章节已对体系架构、管理流程与体制机制等问题展开了研究,不再赘述。如何加强以效能为核心的装备维修管理,仍需紧紧围绕"能打仗、打胜仗"这一军队建设目标,在管理理念、管理标准、管理队伍及管理手段等层面上,始终以提升"专业化、精细化、科学化"管理水平为价值取向,确保装备维修保障效能得到持续最优释放。

9.1 树立创新理念,正确引领装备维修管理工作

理念为行动提供方向。以效能为核心的装备维修管理亟需体系化、信息化、集约化等先进管理理念的正确引领,才能够确保装备维修保障效能得到最佳释放。

9.1.1 树立装备维修体系化管理理念

在新体制编制下,多种要素有机融合、多军兵种联合作战、多元力量联保联训,与体系建设紧密结合。对于装备建设发展,习主席曾多次强调,要坚持体系建设,合理调整力量结构布局。而对于装备维

修管理而言,同样需要树立装备维修体系化管理理念,确保顺利完成能够适应信息化局部战争需要的装备维修管理体系的构建。一方面,要重组军地装备维修资源。即深入推进军民融合深度发展战略,将地方维修力量纳入军队装备维修管理体系之中,对人力资源和物力资源展开重组,使各方面资源得到升级优化,各部门资源得到共用共享、优势互补,另一方面,要融合内外装备维修信息。即全军联合、军地联合,打破信息壁垒,打通信息链条,依托装备维修管理平台实现装备维修管理一体化,通过体系化管理实现多维力量精准释能。力求完成"五个转变"。即以系统相互独立为主,向通用装备维修一体化转变;以军兵种分别保障为主,向全军联合一体化保障转变;以军队保障为主,向军民一体化保障转变;以三级维修保障为主,向两级维修体系转变;以平面线式补给保障为主,向立体多维的技术保障转变。

9.1.2　树立装备维修信息化管理理念

信息化局部战争,要求装备维修保障必须实现态势感知敏捷、保障响应迅速、行动无缝衔接,才能确保装备维修保障效能得到最优释放。精细管理是为了实现精确保障,所以对装备维修管理提出了更高的要求,这就要求装备维修管理必须走信息化道路,这就需要不断创新和发展装备维修信息化管理理念,来指导装备维修管理工作。树立装备维修信息化管理理念需要把握好以下两点:一是改变组织的传统管理模式。实行扁平化管理与网络化管理,要求对组织管理进行重组和变革,重新设计与优化组织的业务流程,使组织内部和外部的信息传输更为便捷,使管理者之间、各部门之间、军地之间的交流与沟通更直接,从而降低管理成本与提高管理效能。二是运用信息技术进行管理。当前,地方信息技术已趋于成熟,"大数据""云计算""物联网"等信息技术日新月异,在实践中取得了显著的效果。而在运用信息技术对资源进行管理方面,效果体现却不够明显,远远落后于地方。这就需要更新思维,打破传统管理模式,善于运用信息技术对装备维修资源进行管理,确保装备维修保障效能的最优释放。对于装备维修而言,军地之间存在很多相似点,完全可以借鉴利用相关信息技术实施管理。一方面,在军民深度融合发展过程中主动借鉴地方成功经验,引进地方先进技术进行管理,以效能提升为管理出发点和落脚点;另一方面,要结合实际自主研发信息技术,并将其有效地运用到装备维修管理之中,实现由"面对面监督"向"网对网对接"、由"相互封闭"向"实时共享"的顺畅过渡,力求使军地一体化装备维修管理呈现出"层级辐射、相互透明、资源共享、高效快捷"的良好局面。

9.1.3 树立装备维修集约化管理理念

决定系统效能优劣的一个重要因素就是效益的大小,效益大则成本低、收益高。军队作为一种特殊群体,并非仅以增强经济效益为目标,主要还是追求军事效能的最优释放。需要从集约化管理的角度出发,对各层级分系统进行重构,实现管理流程无冗余、易操作、无浪费,以推动保障效能的提升。对于以效能为核心的装备维修管理而言,树立装备维修集约化管理理念需要从以下两个方面着手。一是树立管理资源整合理念。整合的实质在于通过对人力、物资、技术和信息等资源要素进行"系统调整"实现一体化"有机融合",旨在最大限度减少资源浪费、提高保障效能。对可用的军地装备维修资源进行整合已成为必然,必须摒弃装备维修传统管理理念,盲目追求"大而全",要持续推进军民融合深度发展,充分利用地方资源优势,不搞重复建设,避免资源浪费。二是树立管理流程再造理念。传统的管理工作流程仍延续"垂直分级式"模式,即"上报申请—逐级审批—逐层下达—供应接转—展开维修"工作流程,导致运行周期长、工作效率低。亟需依据工作实际简化流程,确保装备维修保障实时高效展开。以器材请领为例,对于严重影响部队正常工作的损坏装备所需器材,在请领申报上完全可以打破常规,实施越级请领。

9.2 坚持问题导向,精准弥补装备维修管理短板

习主席曾强调,"要加强集中统一,突出问题导向"。紧盯问题,才能精准解决问题。而当前装备维修管理仍存在很多严重制约运行的短板,如维修资源管理未达到可视可控、维修力量管理未达到统分结合、维修保障未达到绿色集约等,亟需认真研究,加以弥补,适应以效能为核心的军事管理革命的需要。

9.2.1 实现装备维修资源全维可视

当前,以信息技术为核心的新军事革命发展迅猛,发达国家军队运用所研制的"联合全资产可视性系统"和"在运途中可视性系统",可将本土、保障基地和机动中的作战部队联成一体,全时跟踪部队需求和保障资源,随时调用包括在运途中的各类人员和物资,直接为军事行动提供及时、准确、有效、远程的保障。在以效能为核心的装备维修管理领域,可充分借鉴外军成功经验,广泛运用信息化技术手段,建立完善全资产可视系统,实现"横向纵向无缝衔接、资产可视全域覆盖",加强维修物资可视调控,提升装备维修保障效能。因此,需要从以下两方面着手:一方面,建立装备维修综合信息库,满足静态可视。全方位、多层次采集整理涉及军地装备维修管理方面的所有原始数据和基础参数,根据需求进行相应整合,建立一个"覆盖全面、更新实时、安全可靠"的装备维修综合信息库,确保装备维修资源静

态可视、实时共享;另一方面,运用信息化指挥手段,实现动态可控。实时、准确地处理与传递装备维修信息,快速、高效地调控维修保障行动,是实施装备维修精确保障的关键。即要通过装备维修资源实时可视、装备维修力量实时可控、装备维修质量实时可估等来实现装备维修保障效能最优释放。

9.2.2 实现装备维修力量统分可控

对于以效能为核心的装备维修管理,要搞好维修力量的统分可控,"统"指的是集中统管,"分"指的是模块分组,需要完成"两个转变"。一是由"分散管理"向"集中管理"转变。当前,在装备维修管理中,对装备维修机构的设置严格按照专业性质进行划分,就陆军装备维修而言,分为军械装备、装甲装备、轮式车辆装备等维修机构(大队/营、连、排、班等)。该体制模式对机械化装备维修来讲,具有"职责清晰、分工明确、效率增强"等特点,但对于信息化装备维修而言,多技术互通互用、多专业衔接紧密、多要素相互交融,对其装备维修实行集中管理可凸显"统筹规划、资源集约、高效快捷、无缝衔接"等优点,有利于装备维修保障效能的最优释放。二是力量编组由"集中化"向"模块化"转变。"模块化"编组,即每一单元或模块均具有"力量精干、专业精通、规模适度"的特质,根据不同的任务,选派不同的模块实施保障,有利于维修保障力量潜能的最大发挥,有利于装备维修保障任务的高效完成。当前,亟需从平时点滴抓起,将"模块化"编组实施保障融入各项日常维修保障实践中,确保战时能够实时依情组合、精确而高效地完成一切急难险重维修保障任务。

9.2.3 实现装备维修保障绿色高效

20世纪末,西方发达国家提出了"绿色维修",积极倡导在装备维修过程中运用虚拟维修、智能维修等先进技术实现节能减排与提高维修效能的目的,体现"节省能源资源、降低维修费用、缩短维修时间和减少环境污染"的维修特点,经过多年推广应用,效果相当显著,并不断被人们所接受和认可。在新时代军事战略指导下,装备建设进入大发展的时期,一大批运用新材料、新能源的新型骨干装备、大型装备和价格昂贵的装备陆续配发,成为执勤、军事训练、军事演习以及遂行作战任务的重要物质基础。但从装备维修实践看,装备维修工艺和技术水平比较落后,导致维修保障中"耗能大、耗材多、污染环境"等问题普遍存在,亟需从以下两个方面着手来实现维修保障绿色高效。一方面,研发绿色维修技术,完成"线下维修"向"线上维修"的过渡。以网络为中心的维修、智能维修和虚拟维修等都是绿色维修技术的体现,如虚拟维修系统能够真实展现装备战场战损,其检测与故障诊断设备运用大量高新技术快速展开,如大数据、云计算、微电子、传感器及人工智能和控制等,使装备维修更为快捷精确。另一方面,研发绿色维修工艺,完成"粗放型"向"环保型"过渡。维修工艺的选择直接决定保障效能的优劣,而绿色维修工艺凸显"环保、节能、省材"等优点,对维修工具、维修材料、维修技术及维修设备都有很高的要求,必须符合环保标准。如在装备维修实践中,可以尝试利用3D打印技术完成急需零部件的制造,使装备维修更为集约高效。

9.3 立足军民融合,聚力搞好装备维修管理对接

以效能为核心的装备维修管理,涉及军地双方多个领域、多类资源、多种力量的综合运用,在军内力量、军地资源的布局上,在主次先后、轻重缓急的区分上,在重点内容、关键环节的把握上,必须要立足

军民融合,聚力搞好装备维修管理对接,才能确保装备维修管理工作持续、稳定、高效、顺畅展开。

9.3.1 建立军地联合协调机构

自主协同机制属于一种临时性的沟通协调方式方法,为确保装备维修管理实践的持续展开,必须通过建立领导管理协调机构使沟通协调活动固化、常态化。为此,需要把握以下几点:一是系统层次分明。从军方角度讲,由战略、战役级到战术级,从地方角度讲,由国家/省部级到市县级,不同层级设立不同的军地联合协调机构,各层级间属于隶属关系,无缝衔接、环环相扣。二是规模结构合理。坚决避免机构臃肿、规模庞大,从部门设置、业务类别、人才队伍到基础设施配备、严格以高效运转为导向进行合理、标准编配,做到"规模适中、结构合理、运行高效"。三是军地比例均衡。同类部门、同类业务中,人员编制相同,且军地人员比例保持均衡。

9.3.2 搞好装备维修保障奖惩补偿

对于军民一体化装备维修保障来讲,军地双方追求的价值目标各有侧重,军方侧重军事效能,而地方则偏重经济效益。搞好维修保障奖惩补偿需要把握以下两点:一是奖罚分明。在奖惩方面,对于军地双方必须做到同等对待,严格依据相关法规制度遵照落实,一切以绩效考评结果为准绳,绝对不可姑息迁就,确保军地双方参与装备维修装备保障实践高效、常态、健康展开。二是补偿适当。合理的补偿可激发地方参与装备维修保障实践中的潜力和动力,可采取的方式包括按照标准给予财政补贴、在税收缴纳上给予适当优惠、划拨一定的装备生产量给予地方装备生产厂家等。

9.3.3 加强军地装备维修法规约束

军民一体化装备维修保障中,涉及军地多部门、多领域、多要素,为确保军地双方在面对装备维修任务中顺畅衔接、密切配合,除了建立健全相关机制之外,就是依法参与联保联训,做到有章可循、有法可依。为此,需要把握以下两点:一是完善配套法规制度,做到"全域全时覆盖"。对于既有装备维修管理法规中存在的盲区,要尽快填补法规空白,使所有涉及军民一体化的装备维修保障资源完全被纳入装备维修管理法规体系之中,使一切装备维修实践处于法规约束之中。二是严格遵守法规制度,实现"依法施保施训"。军民一体化装备维修保障体系,规模庞大、机构复杂,为确保军地双方各要素步调一致投入保障实践,必须做到人人严格依法施保施训,一切保障实践均以追求装备维修保障效能最大化为目标。

9.4 强化信息主导,不断完善装备维修管理手段

随着军队现代化建设进程的日益加快,信息主导对军队现代化建设起着举足轻重的作用。对于以效能为核心的装备维修管理而言,需要从以下几个方面强化信息主导,不断完善装备维修管理手段,为装备维修保障效能的最佳释放提供强有力的技术保障。

9.4.1 完善装备维修管理信息系统

完善装备维修管理信息系统是强化信息主导、不断完善装备维修管理手段的前提,可为装备维修系统效能得以最优释放提供强有力的技术支撑。需要从以下两个方面着手,对既有装备维修管理信息系统

进行升级改造与集成创新。一方面,整合装备维修信息要素,确保信息资源全域覆盖。适应装备集中统管和按业务模块设置装备机关的新体制,整合构建与一体化平台技术体制相一致、涵盖各型装备,集计划管理、器材管理、设备管理、实力管理、经费管理、状态展现、效能评估、辅助决策、维修训练和基础数据等于一体的装备业务信息系统,为装备全系统全寿命管理提供技术支撑,为未来装备维修"大数据"管理奠定基础。另一方面,集成装备维修信息网络,确保信息传输实时通畅。立足军民一体化装备维修保障,以建设信息网络为基础,以构建系统平台为支撑,以开发数据资源为核心,对既有军地装备维修信息网络进行升级改造,压缩指挥层级、简化隶属关系、消除流程冗余,构建一套能达到"全维透明、快捷高效、自我强化"等要求的军地一体化装备维修信息网,力求通过对军地装备保障信息系统的综合集成、信息感知的实时共享和信息认知的协调一致,实现信息赋能、网络聚能、体系增能,以确保体系信息系统"全域通""动中通"和"末端通"。

9.4.2 创建装备维修管理大数据

信息化局部战争,要求装备维修必须实现态势感知敏捷、保障响应迅速、行动无缝衔接,这就需要"大数据"的强力支撑,才能确保装备维修保障效能得到最优释放。对于装备维修信息化管理而言,精髓是信息集成,核心是数据平台建设和数据的深度挖掘,通过管理信息系统把管理组织的人力、财力、物力及信息等资源集成起来,构成能够实时为装备维修管理提供决策辅助的"大数据",实现信息透明、资源共享。对于以效能为核心的装备维修管理而言,创建装备维修管理大数据,需要从以下两方面着手。一方面,采集装备维修综合信息,实现数据静态可视。划拨专项经费,指定专门机构,广泛采集整理军地装备维修基础数据,对装备维修信息资源进行整合,建立一个

"覆盖全面、更新实时、安全可靠"的装备维修综合信息库,确保装备维修管理力量、保障物资等信息资源静态可视。另一方面,集成装备维修综合信息,实现数据资源集聚。抓好数据资源集聚,应避免在早期信息系统建设中因缺乏顶层规划与设计所导致的各自异构和自治的问题,须将与用户需求相关的各类信息资源"透明"地跨部门、跨网络、跨平台汇集,形成物理上分散、逻辑上聚合的多源异构信息资源集,为后期分析、处理和应用提供基础支撑。

9.4.3 建立装备维修器材物联网

除了完善信息共享、军地同步、无缝衔接、全域覆盖的装备维修管理信息系统之外,还需积极构建"军地一体化装备维修器材物联网",确保军地双方装备维修器材"物物相息",利于保障物资配置快捷精准、实时高效,能够满足装备维修保障效能最佳释放需求。在建立装备维修器材物联网中,需要把握以下几个重点:一是运用地方成熟技术。紧密结合军队装备维修管理与保障特点,借鉴地方物联网成熟技术并运用其中,在缩短建设周期的同时,能够最大限度避免资源浪费。二是优化设计功能模块。如物资的统一编码、应急箱组物资的统一装箱、无线射频识别(RFID)设备的选择与实地应用设计、掌上电脑(Personal Digital Assistant,PDA)上出入库系统的设计与开发、仓储物资数据的统计分析功能、物资出入库的路径优化、仓库安全监控系统的研究设计,包括对环境的温湿度、烟雾、视频的监控布局设置等。三是做好人机交互设计。针对不同层次维修管理部门所承担的维修器材管理任务,充分考虑物联网应用的专业性特点,即全面感知、可靠传输、智能处理等,力求使人机界面简洁高效、操作便捷,形成高度集成的装备维修器材物联网信息管理系统,提高信息系统的可操作性和运转效率。

参考文献

[1] 毛泽东选集[M]. 北京:人民出版社,1991.

[2] 夏征农,陈至立. 大辞海[M]. 上海:上海辞书出版社,2011.

[3] 余高达,赵潞生. 军事装备学[M]. 北京:国防大学出版社,2007.

[4] 舒正平. 军事装备维修管理学[M]. 北京:国防工业出版社,2013.

[5] 舒正平. 军事装备维修保障学[M]. 北京:国防工业出版社,2013.

[6] 芮明杰. 管理学:现代的观点[M]. 上海:上海人民出版社,2013.

[7] 马亚龙. 评估理论和方法及其军事应用[M]. 北京:国防工业出版社,2013.

[8] 魏汝祥,刘宝平. 军事装备经济管理学[M]. 北京:军事科学出版社,2014.

[9] 陶帅. 装备维修保障体系能力评估[M]. 北京:国防工业出版社,2018.

[10] 张景臣. 军事装备维修保障概论[M]. 北京:国防工业出版社,2012.

[11] 陈春良,徐航. 装备精确保障概论[M]. 北京:国防工业出版社,2012.

[12] 胡起伟,王广彦,石全,等. 装备战场抢修概论[M]. 北京:国防工业出版社. 2018.

[13] 陈辉,倪丽娟. 管理学基础[M]. 北京:北京大学出版社,2016.

[14] 米东. 军事装备学基础[M]. 北京:解放军出版社,2015.

[15] 周三多,陈传明,鲁明鸿. 管理学:原理与方法[M]. 上海:复旦大学出版社,2014.

[16] 汉语大辞典[M]. 北京:汉语大辞典出版社,1986.

[17] 赵亮清. 装备的绿色维修综述[J]. 维护与修理,2009(9):16.

[18] 刘祥凯. 美国陆军装备维修政策与体制[M]. 北京:国防大学出版社,2016.

[19] 穆若志. 外军武器装备维修管理研究[M]. 北京:解放军出版社,2002.

[20] 栗琳. 美军装备维修保障[M]. 北京:国防工业出版社,2006.

[21] 陈叶菁,龚时雨. 以可靠性为中心的维修思想[J]. 工业安全与环保,2006(6):61.

[22] 舒正平. 装备维修军民融合保障体系建设基本问题研究[J]. 装备学院学报,2016(1):6-10.

[23] 张雪胭. 军民一体化装备维修资源整合构想[J]. 装备指挥技术学院学报,2010(6):20-22.

[24] 郑燕,蓝伯雄. 企业资源优化问题的集成建模方法[J]. 计算机集成制造系统,2006(10):1561-1569.

[25] 康进军,董长清,宋建兴,等. 基于模糊理论的装备维修资源优化配置模型[J]. 四川兵工学报,2007(5):31-33.

[26] 王亮亮. 基于SD的战时陆军装备维修保障系统效能优化模型[J]. 价值工程,2016(21):57-59.

[27] 刘长泰. 装备维修保障效能评估指标体系[J]. 四川兵工学报,2009(10):120-123.

[28] 王永攀,杨江平,戴锦虹,等. 基于改进型FCE的雷达维修保障系统效能评估[J]. 现代防御技术,2015(4):172-177.

[29] 尹晓虎,钱彦岭,杨拥民. 基于熵的装备维修系统效能评估与仿真[J]. 系统仿真学报,2008(16):4404-4407.

[30] 刘宗南. 对"高等教育管理学"体系建构与整合的思考[J]. 高等教育研究学报,2003(3):4.

[31] 皮永华. 论中国现代管理的基本问题[J]. 河北经贸大学学报,2014(2):38,40.